# 科学家或许是错的

SCIENTISTS
MAY BE INCORRECT

## 动物与植物

徐牧心 李 敏◎编著

大连出版社
DALIAN PUBLISHING HOUSE

图书在版编目（CIP）数据

科学家或许是错的. 动物与植物 / 徐牧心，李敏编著. — 大连：大连出版社，2020.8（2024.5重印）
ISBN 978-7-5505-1566-6

Ⅰ. ①科… Ⅱ. ①徐… ②李… Ⅲ. ①科学知识—少儿读物 ②动物—少儿读物 ③植物—少儿读物 Ⅳ. ①Z228.1 ②Q95-49 ③Q94-49

中国版本图书馆CIP数据核字(2020)第101533号

科学家或许是错的 · 动物与植物
KEXUEJIA HUOXU SHI CUO DE · DONGWU YU ZHIWU

责任编辑：金 琦
封面设计：林 洋
责任校对：李玉芝
责任印制：温天悦

出版发行者：大连出版社
地址：大连市西岗区东北路161号
邮编：116016
电话：0411-83620573 / 83620245
传真：0411-83610391
网址：http：// www.dlmpm.com
邮箱：dlcbs@dlmpm.com
印 刷 者：永清县晔盛亚胶印有限公司

幅面尺寸：165 mm × 230 mm
印　　张：7.5
字　　数：100千字
出版时间：2020年8月第1版
印刷时间：2024年5月第4次印刷
书　　号：ISBN 978-7-5505-1566-6
定　　价：38.00元

# 目录

MULU

## 动物篇

## 植物篇

DONGWU PIAN
动物篇
DONGWU PIAN

# 大象的鼻子是自己抻长的吗?

大象的鼻子为什么那么长呢?

“那是大象自己抻长的。”持这种观点的科学家通常是用“用进废退”的理论来解释这类现象的。为了适应环境，所有的生物都努力地使用有用的器官，结果这些器官就发达起来；相反，那些长期不用的器官就萎缩了。随着大象的身躯逐渐肥大，身体也渐渐变高，

嘴巴和地面的距离也就越来越远。为了取食方便，大象的上唇就慢慢地延长了，鼻子也跟着伸长。仔细观察象鼻，你会发现象鼻的前端下部有一个指状突起，它就是上唇留下的痕迹。象的长牙也是一样。最早的大象门牙并不长，但它经常用牙挖掘树根，凿断树干或剖开果实，牙就渐渐变长了。

一直到今天，仍然有很多人认为大象的鼻子是自己抻长的。其实，这个解释是禁不住推敲的。世界上有那么多食草动物，比如斑马、羚羊、牦牛等，它们只是脸长一些，可能是长期低头吃草抻长了，但鼻子并没有抻长。于是，有人就在原有的解释上做了修正，他们说大象的鼻子不是后来抻长的，而是随着身体的一点点变高而变长的。这种解释听起来似乎很有道理，但同样禁不起推敲。身体变高后，鼻子肯定会成比例地变大，但不一定非得变长。如果大象能有意识地不低头吃草，它的鼻子可能被迫加大长度。很显然，大象不会有那种意识，而它只要低头能吃到草，鼻子就没有必要变长了。

近年来，有些科学家对这个问题进行了深入的研究，得出了新的结论。原来，大象的祖先生活在水下。为了便于在水下活动，免得经常来到水面上换气，它的鼻子就越变越长，这样就可以伸出水面进行呼吸。后来，随着自然环境的变化，大象从水下走上陆地，灵活自如的长鼻管就保留了下来。也就是说，大象的鼻子从一开始就是长的。这个说法很有新意，但还没有成为定论，除非能找到化石做依据。

## 大象鼻子的用途

大象长达数米的长鼻子是由近四万块富有弹性的小肌肉组成，能够极为灵活地伸缩，简直称得上一只“万能手”。它能伸长鼻子轻而易举地把树上的果子和枝叶掠下，然后送进嘴里。吃地面上的草时，它能用鼻子将其连根拔起，在腿上拍打掉泥土，再送到嘴里。喝水时，它先用鼻子吸水，然后再把水喷进嘴里。洗澡时也是用鼻子吸水，再喷洒到身上，就和人淋浴一样。大象还常用鼻子往身上涂泥巴或沙子，以防止蚊虫叮咬，保护皮肤。经过训练的大象，还能用鼻子握住口琴吹奏曲子。

大象的鼻子很有力气，有的大象能拔起十几米高的大树。被驯服的大象能轻松地卷起几百千克重的树木或货物，一头象抵得上20~30个人的劳动力。象鼻还是大象用来攻击其他动物和保护自己的绝好武器。当它暴怒时，会用长鼻子像鞭子似的抽打敌手，然后将其卷起抛向空中，摔个半死。

# 野生大象濒临死亡时会集中到一个地方吗？

大象性情很温顺，和人的感情很亲密，但是从来没有人在丛林中见到过自然死亡的野生大象的遗骸。这是怎么回事呢？

根据斯里兰卡岛上居民的传说，当一头年迈的大象感到死期将至时，就会主动离开象群，独自走向一个秘密的地方，那里是大象

的祖先和亲族们的坟地。象坟里象牙累累，象骨如山，但通往象坟的道路，却没有任何人找得到。

类似的传说在世界上很多地方都能听得到。苏联探险家布卡雷斯基兄弟在非洲肯尼亚的乞力马扎罗山下，见到了一位名叫瓦基的酋长，据他自己说见过象坟。在布卡雷斯基兄弟的一再要求下，酋长派了四个土著人带他们去寻找象坟。一路上他们历尽艰险，还陷入泥潭差点儿丧命，到头来却一无所获。相传非洲一共有七座象坟，但至今一座也没有被发现。

有些探险家还真的找到过堆积死象残骸的地方，但很多动物学家认为，仅仅根据这样一个事实，还不能够证明大象在死亡之前有集中到一个地方的本能，象骨堆积在一起，很可能是水流把它们冲积到谷地里的缘故。还有些动物学家推测，大象在死亡前到池沼里去，死后就陷落在池沼深处，所以人们就找不到它们的尸体。

也有的科学家推测，大象死后，用不上两天，热带成群的鬣狗、豺、兀鹰等，就会把大象的尸体分食干净，就连象牙也难免被豪猪所啮噬。即使有留下的象牙，也会因为炎热、潮湿而被腐蚀掉。然而，肯尼亚察沃国家公园的工作人员戴维·谢尔德里科却对此提出质疑。根据他多年的观察，大象死后，其他大象会把死象的象牙弄下来，带到远处，往岩石或树干上摔打，直到摔碎为止。大象为什么这么做呢？难道它们知道象牙被人类视为至宝吗？

# 称霸草原的狮子会比老虎厉害吗?

老虎和狮子都是猫科动物中的猛兽，但是老虎生活在亚洲，狮子大多数生活在非洲，亚洲西部的印度吉尔地区也有少量狮子，几近灭绝。这两种动物总是各霸一方，根本没有机会碰到一起较量高低，因而就谈不上谁比谁更凶猛。

如果非让老虎和狮子过过招，还要猜测谁胜谁负，我们只能根据人类对这两种动物的了解做一些分析。如果个体发育情况相当的

话，让一虎一狮相斗，恐怕老虎取胜的可能性更大一些。

对于动物来说，打斗取胜的最重要因素是力量。动物的力量通常是由它们的体形决定的。成年的非洲雄狮一般体长约 2 米，体重在 200 千克左右。而西伯利亚成年雄虎体长约有 3 米，体重在 300 千克以上。我国科学家在解剖东北虎的时候，发现它的肌纤维极为粗大，浑身上下几乎很难见到脂肪，强壮的骨骼上附有强大的肌肉。很显然，老虎的爆发力要胜过狮子。通过解剖发现，老虎心脏容量也大于非洲狮。

如果说老虎和狮子在力量上相差得还不是太大，那么在捕猎的技能上，狮子就要远逊于老虎。狮子在广袤的平原上捕猎，适合发挥群体的力量，再加上速度就足够了，用不着施展诡计。老虎是在丛林中捕猎，猎物在这里容易闪避、躲藏和逃逸，这就需要老虎具有比较高的搏击技能，往往趁猎物不备时发动突然袭击。老虎能爬树，还能游泳，而狮子没有这些本领。

另外，从性情上来说，老虎要比狮子残忍得多。世界上吃人的野兽有虎、豹、熊、狼，也包括狮子，但狮子吃人的记录很少。相比之下，老虎的危险性就大得多。据科学家估计，平均每 100 只老虎中就有 1 只吃人虎，而吃人的狮子还不到千分之一。

# 雄狮的鬃毛是为了震慑对手吗？

狮子的雌雄一眼就能分出来，雄狮子生有威武的鬃毛，雌狮子却是光秃秃的。那么，为什么只有雄狮子才长鬃毛呢？

按照一种常见的解释，狮子长长的鬃毛是为了在打斗中保护脖子和头部。为了证明这种解释，研究者选用几只鬃毛不同的狮子设计了一个试验。他们发现，那些长有较长的深色鬃毛的狮子一来，其他雄性狮子就会赶紧躲开。而见到长有较短的浅色鬃毛的狮子，

其他雄性狮子就会上前与之为伴。

这个试验可以间接地证明，长有长长的鬃毛的狮子似乎被其他雄性狮子所畏惧，鬃毛起有震慑雄性同类的作用。但是雄性狮子之间很少打斗，所以无法直接证明长长的鬃毛起有保护作用。于是，动物学家又做出了一种推测，狮子的鬃毛很可能只是一种宣扬自己优秀的装饰，目的是吸引雌性狮子。

为了证明这种推测，研究人员用录音机录下雌性狮子的叫声，然后拿到坦桑尼亚的一个国家公园中播放。听到雌狮的叫声，长有深色鬃毛的狮子便朝着叫声走过去，而其他狮子纷纷为其让道。

研究人员在国家公园中亲眼看到，雌性狮子对长有深色鬃毛的雄狮比较偏爱，常常侧过身来和这些雄狮靠近。从外表上看，鬃毛较长并且颜色较深的狮子显得更加健康，营养状况也更好一些。

从另一方面来说，拥有长长的深色鬃毛对雄性狮子来说，的确

是一种生理上的负担。在炎热的夏季，脖子上捂了那么多鬃毛，一定很难受。研究人员通过比较发现，气候越是炎热的地方或季节，雄性狮子的鬃毛就会变得越短，颜色也越浅。在长久的进化过程中，雄性狮子的鬃毛为什么没有进化掉呢？这又是一个很难说清楚的疑问。

# 动物为什么会冬眠?

许多动物都会冬眠，如熊、蛇、刺猬等。人们已经认识到，冬眠是变温动物避开寒冬和食物匮乏的一个法宝。

可是，动物为什么每年到一定的时间，就会进入冬眠状态呢?按照通常的解释,动物的生活习性是受生物钟控制的,冬眠也是一样，拨动这架生物钟的是环境温度的下降和食物的短缺，于是动物就进入了冬眠状态。但一些专家认为，动物进入冬眠很可能是由于体内的物质造成的。科学家从人工条件下进入冬眠的黄鼠身上抽取血液，注射到活蹦乱跳的黄鼠静脉里，结果活蹦乱跳的黄鼠就像被麻醉了一样，很快就进入昏睡状态。由此看来，在动物的血液里，可能含有一种能诱发冬眠的物质。

试验表明，冬眠时间越长的动物，其血液诱发冬眠的作用就越强烈。那么，这种诱发冬眠的物质是什么呢?据研究，它是一种存在于血清中的颗粒状物质，有时这种物质也会黏附在红细胞上，因而使红细胞也有了诱发冬眠的作用。

和冬眠一样，动物春季觉醒的原因也一直未明。环境温度的升高和代谢产物的积聚可能都是觉醒信号，但如果在冬眠动物的血液中存在着诱发冬眠作用的物质，那么也应该存在着与其相对抗的物

冬天来临了，刺猬就缩进泥洞里，蜷曲着身体，不食不动。它的呼吸也变得极其微弱，心跳也慢得出奇，每分钟只跳10~20次。如果把它浸在水里，半个小时也死不了。如果把一只醒着的刺猬放进水里，两三分钟就会被淹死。

质，一旦这种物质在血液中达到一定的量，就会使动物从冬眠中苏醒过来。

有些学者推断，冬眠动物的体内一年到头都在“制造”诱发冬眠的物质，而抗诱发冬眠的物质是进入冬眠后才开始产生的。当抗诱发冬眠的物质在血液中的浓度足以控制诱发冬眠的物质时，动物就会从冬眠中苏醒过来。

按照传统的看法，动物进入冬眠后一睡就是几个月，中间从来不醒。实际情况却不是这样，几乎所有的冬眠动物在冬眠过程中都会出现短暂的苏醒。以北极地鼠为例，当阿拉斯加北部的冬季来临时，它就蜷缩于地下并且变僵，就像死了一样。每隔10天到21天，它就会从“死”中“活”过来一次。这种周期性的苏醒意味着什么呢？

维也纳的动物学家米莱西做了这样一个试验：训练黄鼠穿越迷宫，并借助摇杆自己取食。训练完成后，米莱西将一半黄鼠送进控

温室开始数月之久的冬眠，另一半则保持清醒。结果发现，冬眠的一组黄鼠醒来后忘记了已经学会的本领，而醒着的黄鼠则能轻而易举地完成任务。动物学家推测，长时间让大脑处于低温状态有可能导致大脑受到不可逆转的伤害，所以动物在冬眠中要醒过来几次，让大脑周期性升温。

到现在为止，人们还没有完全揭开动物冬眠的秘密。而一旦揭开其中的奥秘，这将对发展航天和医学事业都具有极大的帮助。

## 冬眠中的动物

进入冬眠后，动物的神经就进入了麻痹状态。当气温降到 7~9℃时，冬眠的蜜蜂的翅和足就停止了活动；当气温降到 4~6℃时，再触动它就不再出现丝毫的反应了，显然它已经进入了深深的麻痹状态。由此可见，动物冬眠时神经的麻痹程度和温度有密切关系。

冬眠时，动物的体温会显著下降。体温下降能使身体内的新陈代谢作用变得非常缓慢，缓慢得仅仅能维持它的生命。一般动物在冬眠前体内脂肪会比平时增加一两倍，冬眠以后，体重就会逐渐减轻。例如，土拨鼠经过 163 天的冬眠后，体重会减少 35.5%。

动物在冬眠时，血液中的白细胞还会大大减少。平时，在土拨鼠 1 立方毫米的血液中含有 12180 个白细胞，但在冬眠时，平均只有 5950 个。尽管白细胞大量减少，但从未发现过冬眠的动物生病。

# 灰熊为什么会按时进洞冬眠?

美国的黄石国家森林公园中，有一种野生的灰熊。为了揭开它的冬眠之谜，美国的葛莱德兄弟组成了一支考察队，第一次采用太空科学使用的生物无线电远程观察技术，对灰熊进行跟踪。

当冬天来临，天气转冷的时候，灰熊就开始做过冬的准备了。前一年过冬的旧洞不要了，它们开始挖掘新洞。新洞挖好后，再往里面铺上一些松树枝，这样就可以舒舒服服地过冬了。等到北风怒吼、大雪纷飞的时候，它就一头钻进洞里，用爪子抱着脑袋，蜷缩着身子，发出低沉的吼声，然后就昏睡起来。

有一年冬天，又到了北风呼啸的时候，眼看着一场暴风雪就要来临了，灰熊懒洋洋地打着哈欠，向已经挖好的洞穴走去。考察队的科学家们估计，灰熊该进洞冬眠了。没想到，它们来到洞穴跟前却没有进洞。灰熊好像觉得还不到冬眠的时候，继续在洞外闲逛。果然，没过几天，太阳出来了，天气转暖，地上的积雪也融化了。

不久以后，又一场暴风雪降临到黄石国家森林公园，把灰熊留在地面上的脚印完全盖住了。灰熊好像觉得冬眠的时候到了，这才进洞，这时它的体温开始下降，心跳和呼吸也逐渐变慢。

科学家们经过多年观察，积累了大量资料，认为灰熊体内有可能存在着一种神秘的生物钟。当天气变冷的时候，灰熊体内的生物钟敲响了第一次“钟声”，灰熊开始挖洞，准备冬眠；第二次“钟声”敲响的时候，灰熊就独自活动，漫步山林，可是不马上进洞；等到第三次“钟声”响过之后，灰熊才钻进洞里，开始冬眠。

从上述过程来看，灰熊似乎有一套察觉地球“脉搏”的本领，这些“脉搏”包括气温、气压、降雪、猎食困难等等，这些因素都能拨动灰熊的生物钟。让人迷惑不解的是，第一次大雪以后，灰熊为什么不进洞呢？它是怎么知道地球的“脉搏”的呢？科学家们暂时还说不清楚。

# 猿因为是灵长类才特别聪慧的吗？

猿是在生物进化关系中与人类最为接近的动物，它的许多行为举止都明显地高于一般动物的智力水平。猿为什么比一般动物聪慧呢？最早的也是最简单的解释认为，猿与人类同属分类学上的灵长类，它们的进化水平与人类相近，因此大脑就比一般动物发达，所以具有较高的智力水平。有人对黑猩猩的脑容量做过测定，发现它

的脑重占体重的0.7%，仅次于人的2.1%和海豚的1.7%。虽然不能把脑重作为判断聪慧的唯一标准，但至少可以看出相对脑重与聪慧之间确实存在着联系。

根据达尔文的观点，“智力也是一种适应”，用它可以解释猿为什么能记住食物放在什么地方，还能使用工具获取这些食物。比如，黑猩猩能将一根草茎插入小洞的缝隙内，把白蚁或蚂蚁等取出来食用。有人做过试验，发现黑猩猩能利用箱子或竹竿等物，获取双手够不到的悬在头顶上的香蕉。虽然猿使用工具并不是普遍现象，但它可以说明猿经过大量训练后，能够成为最精明的动物。

由于猿的脑子比较发达，所以能够表现出种种智力行为。但是根据英国剑桥大学的布罗克教授的研究，哺乳动物的脑容量除了与身体大小成正比外，还会受到生态环境的影响。具体地说，生活在

树上的动物要比生活在地面上的动物相对脑容量大，吃果实的动物要比吃其他食物的动物相对脑容量大。所以说，猿的脑子发达，智商较高，除了先天遗传的原因外，还与后天的生长环境及生活习性有着重要关系，这就是人们常常说的“脑越用越灵”。

还有专家认为，猿的聪慧来自这类动物高度的社交能力。在对猿的社交能力进行了仔细研究和试验后，科学家们发现，猿类动物在错综复杂的猿社会里磨炼出了一整套既协调又斗争的处世本领，几乎具有和人一样的“知己知彼，百战不殆”的策略。比如，有些猿既能先发制人，又能采用诈骗术来战胜对手。

关于猿的社交智慧的理论还只是一种假说，也有人提出了“双重因学说”，即猿的聪慧是由先天条件和后天勤学共同决定的，但这仍然无法得到翔实的论证。

# 猴子也有语言吗？

长期以来，科学界一直都认为语言是人类区别于其他动物的本质特征之一。也就是说，语言是人类的专利，动物不会掌握它。然而，很多生物学家并没有被这个传统观念所束缚，他们积极从事动物语言的研究，而且取得了很大进展。

生物学家对动物语言研究得最深入的是猴子的语言。在实验室里，科研人员多方探讨过猴子的语言本领，却形成了许多不同的意见。有一部分人认为，猴子能够使用一种句法，造一些简单的句子。另一部分人则认为，猴子只会使用一些代号，不会把两个符号联系

起来组成一个新词，也不会使用哪怕是最基本的语法。

为了研究猴子在天然环境中是怎样使用语言的，美国加利福尼亚大学人类研究所的塞法尔特和谢内，来到肯尼亚的昂博希特国家公园进行了几百个小时的观察，把猴子们发出的报警声用录音机录下来，然后又在没有任何其他动物出现的情况下播放出来，结果发现猴子们对每一种声音都有固定的理解。

当录音机里放出猴子发现蛇时发出的报警声时，猴子们听了全都惊慌失措地爬上最近的树，随后在树枝上仔细地注视着地面，寻找那条看不见的蛇。当录音机里放出猴子发现老鹰时发出的叫声时，猴子们听了又急匆匆地从树上爬下来，躲进离它们最近的矮树丛里。

这两位研究人员还发现，大猴和幼猴的语言能力是有差别的。幼猴几乎把所有的哺乳动物都看成是豹，把所有又长又细的东西都看成是蛇。而大猴却能够根据不同的捕食性动物而发出相应的报警声。至于幼猴是怎样掌握每种叫声的意思的，还没有完全搞清楚。但是可以肯定，猴子已经形成了一套可以互相联络、传递信息的语言。

猴子无论是在就餐、梳洗还是休息、嬉戏时，嘴里总是不停地发出低沉的叫声。一般人认为这些都是无意义的声音，但塞法尔特和谢内在研究后发现，猴子发出的每一种叽咕声都有一个特别的意思。据他们说，已经鉴别出了其中四种叽咕声的意思。一种是“注意，另一群猴子走近了”。当用录音机把这种叽咕声放出来后，果然发现猴子们沿着自己的领地分界线分散开来。另一种是“就要开始一次集体活动，大家保持警惕”。第三种可以译成“我是你的领导，注意，我来了”。第四种的意思是“别害怕，我是你的部下，我来了”。不过，当猴子们发出一连串的叽咕声时，这究竟是一种简单的反复讲述，还是一连串中间无关联的字组，或者是具有句法结构的真正句子，还有待于进一步研究。

大量研究都可以表明，很多动物都能够发出有意义的声音。很多科学家都满怀希望地认为，将来总有一天，人们能够把动物发出的声音翻译成人类能够听得懂的语言，也可以让动物听得懂人类的语言。

# 动物头上长角是为了防御吗？

世界上有很多头上长角的动物，这不足为奇。大概正是由于司空见惯，因此很少有人追问为什么有些动物的头上长角，而有些动物头上不长角。

如果要是认真地把这个问题提出来，一般人首先就会想到动物可以用角做武器。骨质的角又长又尖，而且十分坚硬，如果向对手戳过去，其威力不亚于长矛。

然而，只要你稍加注意就会发现，那些凶猛的食肉动物，如虎、狮、狼等，它们的头上并没有角，而被它们吃掉的动物却有很多头上长角的。如果说角是有效的武器，那么为什么这些猛兽弃之不用，而有角的动物并没有因为长角而逃脱被吃掉的命运呢？

大凡头上长角的动物都是食草性的，性情比较温和，没有坚牙利齿，从不主动发起攻击。因此有人推断，动物头上的角仍然是武器，但不是进攻性的，而是防御性的。在这方面最典型的代表是犀牛，它的角又尖又直，最长的可达1.58米，好像一把锋利的剑，任何野兽都不敢轻易惹它。它除非被激怒了才会用角做武器向前猛冲，不然的话从不会用角伤人。生活在东非草原上的牛羚，头上也长着强大的犄角，它们主要是用角来抵御天敌野牦牛，从来不会用角向野牦牛进攻。

对于很多缺乏防御能力的动物来说，角确实可以起到防护作用，但这里还有一个现象不好解释，那就是为什么很多动物只有雄性头上长角，雌性头上却无角，难道说雌性就不需要自我保护了吗？

对于这种现象，人们马上就会想到这与求偶竞争有关系。以鹿类为例，它们很少和异类动物发生争斗，对付敌害的唯一方法就是飞快地逃跑，这时候角对它们没有任何帮助。但雄鹿的角不仅美观多叉，每年脱落一次，而且和头骨结合得很紧密，能够抗得住强有力的冲撞，这又是为什么呢？原来，鹿群里配偶不自由，雄鹿很霸道，体格健壮的雄鹿经常占有数十只雌鹿，这样就会经常发生两雄争雌的现象。而在这时候，鹿角就成了最有力的武器，那些角质坚硬的

雄鹿会经常打胜仗，夺取失败者的雌鹿。

按照上面的解释，雄鹿的角是在不断的战斗中发达起来的，与此同时，那些角小、短、脆的雄鹿就因为处于竞争的劣势而不断遭到淘汰，雄鹿的角就越来越得到强化。而根据“用进废退”的原则，雌鹿的角就越来越退化，直至消亡。

如果这样推论下去，最初的有角动物雌雄应都生有一般大的角，经过漫长的进化过程，才出现如今的情况。而从目前掌握的资料来看，还没有发现那些角正处在退化过程中的雌兽。

另外，世界上有很多动物有角，又有很多动物没有角，而它们彼此相差并不大，有的还是远亲。这就更会使人想到，仅仅从进化的角度来解释动物长角这种现象可能并不全面。

# 老鼠不会灭绝是因为智商高吗?

世界上有许多珍稀动物，尽管人们千方百计地加以保护，但它们仍然难逃灭绝的厄运。人类对于老鼠可谓深恶痛绝，总是在千方百计地消灭它。老鼠的天敌也很多，猫头鹰、猫、黄鼠狼以及蛇等时时刻刻都在威胁着它们，可是这一切不利条件都没有对老鼠形成灭顶之灾，相反它们越来越猖獗。在所有的哺乳动物中，老鼠的数量多，分布范围广，除了南极洲之外，地球上各个角落都能见到它们的身影。

人们要想彻底消灭老鼠，首先要回答这样一个问题：为什么老鼠的存活能力这么强呢？有的科学家认为，老鼠和其他小动物一样，采取的是“以量取胜”的生存方式。老鼠的繁殖力很强，一对老鼠一年可以繁殖后代5000多只。幸好它们的寿命不长，平均只有两年左右，否则后果真是不堪设想。老鼠不仅繁殖得多，而且大多数幼鼠都能长大成为成鼠。这和

其他采取“以量取胜”生存对策的小动物截然不同，它们都不能很好地照顾子女，因而会出现大量夭折。

还有的科学家认为，老鼠之所以存活能力那么强，主要在于它具有以下三种优势：首先，它的个体小，无孔不入，能到处安家；其次，它的食性广，五谷杂粮，各种昆虫，甚至电线胶皮都能吃得津津有味；再次，它的感官特别灵敏，具有极强的抗病能力。以上优势使老鼠能够在最恶劣的环境下生存下来，有人甚至这样预言，有一天人类会从地球上消失，那时候地球就会变成老鼠的王国。

也有的科学家认为，老鼠的存活能力和它的智力有关。一般来说，越小的动物智力水平越低，而老鼠却是个例外。它的智商很高，在很多时候都能够巧妙地逃脱人类的捕杀以及天敌的猎食，而其他动物是根本做不到这点的。

尽管人们对老鼠的生活习性做了大量研究，但对于它的奇特的生理要素和本领，还没有人能够做出完整的回答。而在这个回答没有做出之前，人类也就无法彻底消灭老鼠。

# 猎豹的数量为什么越来越少？

猎豹的奔跑速度极快，别的动物很难伤害到它，那么它的数量就不应该减少。可是实际情况却不是这样。近年来猎豹的数量日趋减少，它已经变成了一种珍稀动物。据估计，每 10 年世界上的猎豹总数就要减少一半，在印度、中东和非洲的一些地方，本来猎豹的活动非常频繁，现在却失去了它们的踪迹。

为什么猎豹会遭到这样的命运呢？人们首先就会想到大肆捕杀。猎豹的皮毛十分珍贵，这就引得一些不法之徒对其痛下杀手。再加上当地农民开垦荒地，建造房屋，破坏了猎豹的生存环境，这就造成了猎豹的数量锐减。

然而，也有一些生物学家指出，尽管人类应该对猎豹的减少负责任，但最该对此负责任的应该是猎豹自己。根据美国猎豹研究专家应用计算机做出的统计，只有 10% 的雄性猎豹能够产生精子，而且在这 10% 能够产生精子的猎豹中，它们的精子有 70% 是无效的异常精子。由此可见，猎豹数量日益减少的主要原因，在于猎豹的繁殖力低下。

那么，这种现象又是怎么造成的呢？有些专家认为，猎豹具有高比率的近亲交配现象，从而导致精子异常，失去效能。即使能产生出后代，也往往体质不健壮，很容易夭折。

有些动物学家对此提出了不同意见。他们认为，与其他动物相比，猎豹的近亲交配率并不很高。小猎豹长到 16 个月能够独立生活时，母猎豹就会悄然离去。小猎豹们在一起共同生活了几个月后，其中的雄猎豹又会离开自己的家庭，只留下雌猎豹继承“祖业”。这种做法客观上起到了避免近亲交配的作用。

有些动物学家认为，猎豹之所以数量越来越少，主要是因为母猎豹未能保护好自己的后代。产仔后，母猎豹总是守护在巢穴附近，捕猎时也不远走。为了不让别的野兽摸清它们的踪迹，它们还几乎每隔一天就搬一次家。可是为了捕食，在小猎豹长大一些的时候，母猎豹就要去很远的地方，这时候那些狡猾的野兽就会乘虚而入，吞吃行动十分缓慢的小猎豹。据估计，有 1/4 到 1/2 的小猎豹在出生后 3 个月内被其他大型食肉兽偷吃了。另外，在食物不足的情况下，成年猎豹也会杀幼猎豹充饥。猎豹还是一种残忍的野兽，每年死于自相残杀的猎豹数量也不在少数。

# 大熊猫是谁的子孙？

大熊猫是我国的国宝，是世界上稀有的兽类之一，还是名贵的观赏动物，但是你知道它的祖先是什么动物吗？

单从外形上看，大熊猫长得既像熊又像猫。它的身体颇似熊类，而面部特征又极似猫，熊猫这个名字就是这样来的。那么，它到底是熊还是猫呢？这就是大熊猫的起源问题。

有人认为大熊猫的祖先是猫。1885 年，米瓦特等人认为，大熊猫属于浣熊科，而与熊无关。浣熊科是与猫非常接近的一类动物。

也有人认为大熊猫的祖先是熊。1964 年以来，戴维斯等人根据血清学、解剖学和免疫学等方面的研究，判断大熊猫就是一种熊，它的祖先也应该是熊。

这种各执己见的争论进行了很长时间，却始终没有结果。与此同时，又有人提出了一种新的观点：大熊猫既不属于猫类，也不属于熊类，它应单独归为一类。

进入 20 世纪 80 年代后，先进的生物试验技术对揭开这个谜底提供了有力的证据。经过检测发现，大熊猫的染色体有 21 对，熊的

染色体有 37 对，而猫类有 18 或 19 对染色体。从染色体的数目来看，熊和猫与大熊猫都相差甚远。但是，大熊猫的染色体经过特殊处理后，其遗传基因的排列顺序又有一些和熊、浣熊及猫科动物有相似之处，这说明大熊猫与熊、浣熊和猫很久以前可能是从同一个祖先进化来的，只不过在以后的进化过程中，很早就彼此独立地分化开来了。

中国科学院古脊椎动物与古人类研究所专家在研究云南禄丰古猿产地食肉类化石时发现，有一种小型熊类动物，其牙齿结构既有熊猫的特征，又有祖熊的特征，地质年代距今约 820 万年。他们认为，这种熊就是目前世界上已知的大熊猫的祖先，因此将其定名为“始熊猫”。

目前，大部分科学家认为，大熊猫与熊和猫共有相同的祖先，因此它们才共有某些相似的遗传基因，而正是这些相似的遗传基因决定了大熊猫与熊和猫具有某些相似的长相。然而，它们共同的祖先又是谁呢？这个问题还在等待着人们去回答。

# 浣熊洗食物是爱干净吗?

浣熊是生活在美洲大陆的一种珍贵的毛皮兽，属食肉目浣熊科动物。它全身的毛由灰、黄、褐等色混杂在一起，脸上有黑色的斑毛，眼睛的周围有一圈黑毛，就像戴着一副太阳镜似的。它的尾部有五六个黑白相间的环纹。

浣熊经常在树上活动，巢也筑在树上。当受到黑熊追踪时，它就会逃到树梢躲起来。到了冬天，北方的浣熊还要躲进树洞去冬眠。

浣熊的前后肢都长有五个趾，因此能捕捉到水中的虾和螃蟹。奇怪的是，当捕捉到这些小动物时，它一定要先洗去这些动物身上的泥土再吃。而且它在吃其他食物之前，也总是要把食物放在水中洗一洗再吃。这是为什么呢?

有人猜测，浣熊十分喜欢清洁，所以才这样做。可是，在动物园里对浣熊做试验时，从饼干盒里拿出饼干给它吃，它仍然要放在水中洗一洗，结果把饼干泡碎了，它什么也没有吃到。由此可见，浣熊洗食物的目的似乎并不是把它洗干净。

有的人认为，这是出于浣熊本能的一种习性，如同狗有藏食物的习性、伯劳鸟有往树枝棘刺上挂猎获物的习性一样，这些习性是祖祖辈辈遗传下来的。而在动物的习性中，食性变化是最快的。如

果浣熊这样做是出于本能，那么它应该什么食物都洗，不洗就不吃，可实际情况却不是这样。有人发现，浣熊在树上吃鸟蛋或吃水果时就不是洗后再吃。

浣熊具有很强的好奇心，对什么东西都想玩弄玩弄，会不会洗食物只是觉得好玩，并无什么实际意义呢？浣熊的前肢非常敏感，很多东西只要一触摸就能分辨出来，会不会洗食物只是为了提高自身触觉的准确性呢？

# 为什么长颈鹿的脖子特别长?

长颈鹿是世界上最高大的陆地动物。长颈鹿站立的时候，足有5米多高。

长颈鹿的脖子为什么会这么长呢? 会不会是它的颈椎骨比别的动物多呢? 答案是否定的。长颈鹿与别的鹿及其他哺乳动物一样，都有7块颈椎骨，不同之处仅在于长颈鹿的每块颈椎骨都特别长。这又是为什么呢?

根据达尔文的解释，长颈鹿的长颈是自然选择的结果。远古时，以青草为食的长颈鹿脖子有长有短。当遇到干旱的时候，地面上的植物大多干枯了，长颈鹿就得时刻努力抻长脖子，吃树上的嫩叶子，因此得以活下来。那些脖子短的长颈鹿，由于吃不到树上的嫩叶，就都饿死了。经过许多代以后，留下来的鹿就都是长脖子的了。

法国生物学家拉马克的观点与达尔文的看法有异曲同工之妙。根据他提出的“用进废退”和“获得性遗传”的理论，生物所有的性状都是与它生存的环境相关联的。为了适应环境，生物们努力地使用有用的器官，结果这些器官就发达起来；相反，长期不用的器官就萎缩了。古时的长颈鹿为了取食树木上的叶子充饥，就得特别努力地抻长脖子。这样一代一代地抻下去，长颈鹿的脖子就逐渐变长了。

以上两种观点都先后被人们所普遍接受，并用它们来说明很多现象，但是随着科学的发展，人们对这两种解释逐渐产生了怀疑：这种后天获得性能够遗传吗？于是，科学界展开了有关进化论的激烈论争。新达尔文主义的代表人物德·符里斯提出了突变说。他认为，古代的鹿发生了突然变异，这才出现了长度不同的脖子，其中脖子长的有利于摄食，经过自然选择就发展成了今天的长颈鹿。

日本的木村资生又提出了中性学说，他强调遗传基因是随机组合的，长颈鹿的基因组合后固定并逐渐积累，短颈鹿基因组合后也固定并逐渐积累，使得古代鹿群发生了分化，长脖子的成了今天的长颈鹿，短脖子的成了今天的短颈鹿。

伴随着生物科学的发展，关于长颈鹿的脖子这个问题已经讨论了上百年，但至今还没有得出最终的结论。

# 袋鼠为什么特别能奔跑和跳跃？

澳大利亚特产的袋鼠是幸存在地球上最原始、最低等的哺乳动物之一，也是动物界里急行跳高、急行跳远的冠军。据说，一只被追赶的大红袋鼠可以跳过 3.2 米的高度，或者是一步跨越 12.8 米的距离。

袋鼠为什么会有如此强的奔跑能力和跳跃能力呢？这里最重要的原因就是袋鼠的后肢十分发达，长着厚实强壮的骨头和肌肉，长时间地奔跑和跳跃却丝毫不会感到疲倦，也不会气喘吁吁。然而，科学家通过试验证明，仅仅是后肢发达，还不足以支持袋鼠进行那么神奇的奔跑和跳跃，这里边应该还有别的因素在起作用。

曾有人认为，这个秘密就在袋鼠的“第三条腿”上。袋鼠长着一条很粗很长的尾巴，当它静止的时候，这条尾巴就支在地面上，活像第三条腿，跟两条后肢一起支撑着身体。当袋鼠奔跑或跳跃时，这条尾巴又会提供额外的助力。

为了验证这个说法，有人在袋鼠的腹部安装了微型自动摄像机，结果发现，袋鼠的尾巴在其跳跃时只能起到平衡身体的作用，与地面并没有接触。看来，“第三条腿”的假设不能成立。那么，袋鼠究竟是依靠什么力量才跳得那么高、那么远呢？这至今仍然是个谜。

# 骆驼耐渴是因为驼峰能蓄水吗？

地球上存在着大面积的沙漠，在这些沙漠地带，很少有生物可以存活下来，其中一个重要的原因就是缺水。但是，骆驼却能够在沙漠中行走多日而不至于渴死。有关研究资料表明，骆驼的耐渴能力比人类高出10倍以上。那么，骆驼为什么会有如此惊人的耐渴能力呢？

按照传统的解释，骆驼之所以耐渴，关键在于它那高耸的驼峰中储存着大量的水，以备不时之需。但是，这个解释不一定正确。美国科学家史密斯·尼尔森等人对骆驼做了一次全面的考察试验。他们先测量了骆驼的体重、体温，对其血液和尿液做了分析，然后把它放在阳光下曝晒八天，在此期间一滴水也不让它喝，结果骆驼瘦得皮包骨，体重只剩下原来的22%。试想，如果骆峰中存在着大量的水，骆驼何以这样"日渐消瘦"呢？

这样一来，骆驼依靠驼峰储水的解释就不攻自破了。于是，有人又提出了新的解释，说骆驼的排水量要远远低于人类。当周围环境的温度与人的体温同样高时，人就会出汗，以便保持体温的平衡。骆驼则不然，它的体温在一般情况下是可以改变的，只有当气温升至40℃时，骆驼才会出汗。而这样的高温出现的时间很短，所以骆驼就不会因出汗而散失很多水分。另外，骆驼在呼吸时，呼出的气体中的水分被它那多褶的鼻孔全部截住，通过鼻孔又流进嘴里，再加上在沙漠中骆驼几乎不排尿，这样骆驼就很少将体内的水分排到体外，于是就保证了体内的水分被吸收和利用。

以上观点对骆驼的耐渴原因给出了一个解释，但并非尽善尽美，于是有人又提出了另一种说法，骆驼的血液结构也与人不同。骆驼的血红细胞中水的含量是人类的两倍，在不干渴的情况下，它不会像人那样出汗，导致它血液中血红细胞水分的减少。在干渴的情况下，骆驼血液中的水分仅仅失去 10%，不会因为缺水而影响全身的血液循环。

还有一种解释叫“身体结构说”。这种观点认为，长期生活在干旱环境中的骆驼，为了适应干旱的环境，身体结构发生了与其他动物迥然不同的改变。首先，骆驼的胃分为三室，其中一室专门用来贮水。其次，骆驼的脂肪组织很特殊，类似于海绵，含水量比其他动物高。当骆驼严重缺水时，其脂肪组织里的水分也会失去，使脂肪变得干瘪。有资料显示，干渴的骆驼一旦遇到水，能够在 10 分钟内喝下 100 千克水，这些水除了贮存在胃里外，还有一部分进入到血液和脂肪中。骆驼的脂肪除了具有贮水功能外，其本身也会氧化产生水。当脂肪干瘪时，就会与血液中的氧发生化学反应产生水、葡萄糖和热量。研究表明，100 克的骆驼脂肪经氧化后可以产生 107 克水。这样，骆驼自身就成了水的源泉，来维持在干旱情况下血液对水分的需要。

以上这些解释有的可以互为补充，有的则是彼此对立的，这本身就说明，骆驼耐渴的原因还有待于得到更为科学的解答。

# 负鼠会装死吗？

负鼠和袋鼠一样，也是有袋动物，母亲将产下的幼鼠放在育儿袋中养育。不同的是，大部分有袋动物都生活在澳大利亚及邻近岛屿，负鼠却生活在南北美洲。

负鼠是哺乳动物中最擅长伪装的。当它被狗或土狼追赶时，就会龇牙咧嘴地发出嗞嗞声，试图将敌害吓跑。如果被抓住了，它就

会翻滚在地，四脚朝天，两眼直瞪，摆出一副僵尸的模样。野兽本想吃它，但一看是一具死尸，就没了兴趣，掉头便走。几分钟后，负鼠小眼珠一转，就“活”了过来，向四周一看没有什么动静，便慌忙溜走了。

负鼠这是有意装死还是真的被吓昏了过去呢？几个世纪以来，人们一直没有搞清楚这个问题。有人认为，它佯死的行为是受到惊吓后奇特的生理反应，敌害走后，它往往要一段时间才会“苏醒”。

也有人认为，动物装死是受自己的意志控制的，是一种智力行为，也是一种伪装。在哺乳动物中，不仅负鼠会装死，狐狸、斑鬣狗等在遇到困境时，都会通过装死来躲过灾难。

近年来，生物学家通过测定负鼠的生物电流，已经确定负鼠躺倒在地时，并不是因为惊吓而昏迷。负鼠假死时的脑电波与处在酣睡和麻醉状态下的脑电波完全不同，这说明它的大脑当时正处在高度紧张的工作状态中。

尽管有了这样的证明，仍然有人认为负鼠不是在有意装死，因为它不具备那样的智力。负鼠是在距今约6000万年前到4000万年前出现的，经过这么长时间的进化，它的外形却与自己的始祖几乎完全一样，它的智力也没有什么发展。如果说它会假死是一种智力行为的话，还不如说是一种本能，这就像猛兽来了小动物都要逃跑一样，只不过负鼠采取的办法不是逃，而是躺倒不动。至于这种本能最初是怎样形成的，却是一个值得探讨的问题。

# 鲸唱歌是为了警告同类吗？

座头鲸又叫巨臂鲸，广泛分布于各个大洋。它身子短脑袋大，体长有 13~15 米，还长着一对约占体长 1/3 的胸鳍，其前缘有数个大型突起。

座头鲸和很多鲸一样，每年夏天都要到南极去找吃的。在前往极地的途中，它们就好像哑巴一样，一声不响，而从极地返回热带繁殖区时，它们却得意扬扬地唱起歌来。座头鲸能发出各种咔嗒声和好似晃动生锈的铁链的轧轧声，听起来当然不会像人的歌声那样美妙，但确实就是它们的歌声。不光是座头鲸，生活在海洋中的鲸几乎都会唱歌，还有高低、快慢、长短的变化。

尽管鲸没有声带，但它们确实会唱歌，而且所有的鲸都能唱歌。那么，鲸为什么要唱歌呢？长期以来，这个疑问一直让人困惑不解。

鲸总是在繁殖季节里放声歌唱，有时还边唱边拍打着浪花，一副得意忘形的样子。根据这一点，有的科学家推测，鲸唱歌就像鸟唱歌一样，既是同类间“求爱”的呼唤，又是一种警告信号，要求别的雄鲸保持距离，不得靠近。也有的生物学家认为，鲸之歌是相互之间在传递信息，报告哪里有小虾。还有的科学家推测，鲸发出声音是为了便于群体之间进行联络，鲸群在大洋中非常分散，需要有一种通信手段，才能使彼此间保持相互联系。

那么，鲸会不会用不同的歌声表示不同的意义呢？这种可能性是有的，但进一步的研究却很难进行下去。动物学家经过多年的研究，发现分布于世界各地的座头鲸的歌声是相同的，它们都能发出一种哼哼声、呼噜声，甚至还有号叫、短促的尖叫。这些声音可以分为可识别的主题旋律和短句，并有规律地加以重复。这就是说，座头鲸的歌声只有它们自己听得懂。但这些歌声到底表达着什么样的意思，至今还没有人能说清楚。

# 龙涎香是抹香鲸的肠结石吗？

古时候，生活在南半球海岸边的人们，有时候会在海水中发现一种呈黄色、灰色乃至黑色的蜡状物，它散发出强烈的腥臭味，但干燥后却能发出持久的香气，点燃时更是香气四溢，比麝香还香。当时，谁也不知道这是什么宝物，中国古代的炼丹术士说这是海里的龙睡觉时流出的口水滴到海水中凝固而成，“龙涎香”的名字就

是这样来的。

龙涎香非常珍贵。中世纪时，谁能把一块镶着黄金的龙涎香献给国王，马上就能加官晋爵。在人工香料未能大规模合成之前，龙涎香在国际市场上的售价比黄金还要贵好几倍。

对于龙涎香的来历，在很长一段时间里一直没有人说得清，只好凭想象猜测。有人说它是海底火山喷发形成的；有人说它是海岛上的鸟粪漂在水中，经过长时间的风化而形成的；有人说它是蜂蜡，在海水中经过漫长的漂浮而生成；还有人说它是一种特殊的真菌。

随着科学的发展，人们终于揭开了龙涎香之谜。原来，它是抹香鲸的肠内分泌物。那么，龙涎香在抹香鲸的体内是怎么形成的呢？

对于这个问题，海洋生物学家提出过多种解释，如肠道秘结、肠结石、饥饿等。目前为人们普遍接受的解释是这样的：抹香鲸经常吞食大型软体动物，如大乌贼和章鱼等，它们的口中都有坚韧的角质颚和舌齿，不容易消化。这些东西一般都会被排泄出去，但有时会在抹香鲸消化道中的某个部位被卡住。为了对付这个异物，抹香鲸的分泌系统就会分泌出一种特殊的蜡状物，将卡在体内的硬物包起来，慢慢地就形成了龙涎香。

以上解释是能够说得通的，但是新的疑问恰恰就在这里出现了。除了抹香鲸，其他鲸类的体内都找不到龙涎香，难道说其他鲸类吃了硬物就卡不住了吗？抹香鲸在世界各个大洋中都有分布，可是龙涎香绝大多数都是在南半球被发现的，难道说抹香鲸在北半球就吃不到骨头之类的硬东西了吗？看来，要想彻底揭开龙涎香形成之谜，还需要科学家进行更深入的研究。

2016 年 2 月 14 日，两头抹香鲸在江苏省如东县搁浅，其中名叫洋洋的抹香鲸被运往大连进行生物塑化处理。这头抹香鲸长 14.88 米，重达 40 吨。生命奥秘博物馆的标本师历经 4 年，将这头抹香鲸进行塑化，使它“重获新生”。这头抹香鲸是目前世界上最大的塑化标本，也是世界上第一头被塑化的抹香鲸！该标本于 2020 年 5 月 30 日在大连金石滩文化博览广场展出。

# 鲸鱼集体自杀是回声定位受到了干扰吗？

澳大利亚的塔斯马尼亚岛风景优美，气候宜人，但几乎每年这里都会发生大批鲸鱼搁浅死亡的事情。据统计，在过去的80年间，这里共发生过300余起鲸鱼“集体自杀”的悲剧。有人说，塔斯马尼亚岛就是鲸群公认的墓地。

不仅在塔斯马尼亚岛，鲸群“集体自杀”事件在世界各地都有发生。1970年，在美国佛罗里达州的皮尔斯堡岸边，有150多头抹香鲸不顾一切地冲上海滩。1979年7月7日，在加拿大欧斯峡海滩，130多头巨鲸不顾人们的阻挠，拼命冲上海滩“自杀”。1984年3月3日，在法国的奥捷连恩湾，32头抹香鲸在沙滩上搁浅受困，它们大多是雌鲸，一个个流露出惊恐万分的神色，发出的哀叫声传到4000米以外。

鲸为什么会“集体自杀”呢？为了揭开这个生物之谜，科学家们费尽心机，绞尽脑汁，总算找到了一些原因。

荷兰学者范·希·杜多克认为，鲸的“集体自杀”是由于回声定位系统受到干扰而迷失方向造成的。他发现，鲸鱼搁浅的地方大多是坡度平缓的海岸。鲸的视觉很不发达，在水下主要依靠发射超声波信号来判断目标的方位，而坡度平缓的海岸会使鲸的回声定位功能受到干扰，鲸只得东撞西撞，有时就会落入死亡的陷阱——陆地。近年来研究证明，坡度平缓的海岸并不会引起回声信号的混乱，因此杜多克的解释就站不住脚了。

也有的学者认为，鲸类“集体自杀”的原因在于地理环境。随着海浪游近海岸的鲸，一旦和倾斜的海滩相接触，就会在原地停住，而接踵而来的海浪夹带着淤泥和沙子，形成了鲸无法克服的障碍，它们就游不回大海了。

还有的学者认为，鲸类“集体自杀”完全出乎意料。它们可能受到意外的刺激而仓皇出逃，结果登陆搁浅。

鲸类还有近岸摄食的习性。当鱼和乌贼洄游到海岸边产卵生殖时，鲸群跟踪而来。由于嘴馋贪吃，恋食忘返，便会造成退潮后搁浅。

假如说以上这些推测都成立的话，那么人们又会提出新的疑问：为什么鲸类的登陆“自杀”总是采取集体行动呢?

一种假说认为，有些鲸喜欢群聚，群中常有某个成员充当领导，整个鲸群就随着它一起游泳，一起觅食，也一起逃跑。当“领导”因病或遇害而上岸搁浅时，整群鲸也就随之同归于尽。

另一种假说认为，鲸群搁浅是遵循其祖先所确立的道路所致。鲸是由陆生祖先演变而来的，当它们在水里遇到不利情况时，就会逃上陆地，寻找安全之处躲避风险，久而久之便形成了鲸鱼的一种习性。

还有一种假说认为，鲸之所以离水上岸，主要是因为病魔缠身，身体虚弱不堪，无力驾驭风浪，只得随波逐流，被海水推上海岸，或是有意爬上海岸寻求喘息之机。

除了这些常见的推测外，还有一些科学家对鲸鱼“集体自杀”的古怪行为提出了比较新颖的解释。美国伍兹霍尔海洋研究所的科学家发现，许多搁浅致死的抹香鲸的骨骼都出现了坏死现象，由此认为，这可能是由于它们从深海中上浮速度过快，体液中的氮气就会涌出形成气泡。如果气泡纠结在组织中压迫神经，就会阻塞毛细血管，导致肌肉缺氧。抹香鲸“自杀”很可能是为了摆脱痛苦。

日本学者岩田久人在搁浅致死的鲸类尸体中检测到了高浓度的三丁基锡、三苯基锡等有机锡毒物。这些毒物来自航海公司每年在船底涂刷的涂料。他推测，鲸鱼或海豚喜欢沿着船舶的航线游动，它们的神经系统和内脏就会受到溶于水中的有机锡涂料的毒害，结果使得辨别方向的功能被摧毁，从而搁浅身亡。

美国海洋生物学家达琳·凯顿在对巴哈马群岛的殉难鲸鱼做尸体解剖时发现，这些鲸鱼的内耳普遍有出血现象。他认为这极有可能是美国海军舰艇上使用的大功率声呐，造成了鲸群丧失辨别方向的能力。

阿根廷学者对发生在马尔维纳斯群岛海岸的约300头鲸鱼“集体自杀”事件进行分析后认为，当时太阳黑子的强烈活动引起了地磁场异常，发生了“地磁暴”，这破坏了正在洄游的鲸鱼的回波定位系统，令其犯下了“方向性”的错误。

美国的一位地质古生物学家发现，鲸鱼“自杀”的地点大多在地磁场较弱的地区。他认为，鲸鱼通常是顺着地磁场的磁力线方向游动的，而进入地磁场异常区的鲸鱼，往往还未反应过来就搁浅到沙滩上了。

对于鲸鱼“集体自杀”的原因，科学家们做出了种种推测，但这个奥秘还是没有彻底揭开，鲸鱼“自杀”之谜仍然吸引了很多人去寻找它的真正答案。同时，科学家们还在寻找相应的措施，以防止鲸类登陆“自杀”的悲剧一再重演。

# 一角鲸的长牙是用来破冰的吗？

一角鲸善于游泳，休息时常常把它的长牙搁在浮冰的边缘上。一角鲸还喜欢在水中嬉戏，常常用长牙刺来刺去，但相互并不伤害。除了这些微不足道的用途外，人们几乎不知道它的长牙还有什么用处。如果没有什么用处，那长长的牙岂不成了累赘？对于这个疑问，生物学家们百思不得其解，只能做出各种推测。

有人认为，一角鲸主要用长牙来翻掘海底的泥沙，以便寻找食物。也有人认为，一角鲸可以用牙像海豹一样破冰，以便进行呼吸。

还有人认为，长牙是一角鲸的武器，既可以御敌又可以进攻。

以上说法都有道理，却都无法解释为什么雌性的一角鲸不长长牙，难道它们就不需要觅食、呼吸、御敌和进攻了吗？于是有人根据雄性一角鲸在性成熟期间长牙长得特别快这个现象，推测它不过是第二性征而已，这就像公鸡头上的鸡冠一样，是性别差异造成的，对异性可以起到直观上的刺激作用。

有的生物学家从声学的角度对一角鲸长牙的用途做出了解释。他们认为，当雄性一角鲸相互接近时，会通过长牙的尖端把声音辐射出去，就好像用发报机发射电波一样，以此警告对方赶快离开。由于低频率声音的能量是按照与声源的距离成四次方的比例衰减，所以长牙越长，离对方的耳朵越近，造成的威力也就越大，对方就越有可能被吓退。

为了弄清一角鲸长牙的奥秘，有两位美国的生物学家曾亲自前往加拿大的曼巴地区实地观察一角鲸的生活情况，他们发现成年的雄性一角鲸的头部有很多伤痕，还有的一角鲸的唇内留有折断的长牙。他们由此断定，雄性一角鲸可能利用长牙来互相格斗，以便争夺更多的雌性。另外，雄性一角鲸还可以用长牙统率它所领导的鲸群，就好像牧民手中拿的鞭子一样。这种推测虽然是根据实地观察得出来的，但由于他们没有亲眼见到过雄性一角鲸相互争斗的情景，所以就没有太强的说服力。

# 鲸鱼跳跃是一种娱乐方式吗？

烟波浩渺的海洋是海洋生物最好的藏身之所，人们如果不借用特殊手段，是很难发现它们的踪迹的，唯独鲸鱼不是这样，它们不仅不懂得隐藏自己，反而经常从水中跃出来，弄得水花四溅，人们老远就能看见。

鲸鱼为什么要跳跃呢？过去人们一直认为，鲸鱼的跳跃与捕食、逃避敌害有关。然而随着观察的深入，人们发现鲸鱼在不捕食、没有敌害的情况下也会不停地跳跃。这又是为什么呢？

英国著名潜水摄影师杰克和查克专门从事海洋动物拍摄工作，他们发现，在同一种鲸中，幼年鲸要比成年鲸更喜欢跳跃。他们曾就此事请教过有关专家，得到的回答是幼年鲸和小孩子一样，喜欢玩耍，跳跃是它们的一种娱乐方式，而且这种娱乐有利于它们的发育成长。

美国海洋生物学家发现，雄鲸在繁殖季节跳跃的次数比平时多，因此他推测，鲸鱼跳跃可能是为了显示力量，以寻找配偶或向其他雄鲸挑战，而雌鲸往往挑选能跳跃的雄鲸为配偶。

美国著名鲸类学家罗杰斯·佩恩把鲸的跳跃方式分为两种类型：一种是腹拍式跳跃，一种是直冲式跳跃。鲸鱼在进行腹拍式跳跃时，背脊始终朝上，腹部先落水；在进行直冲式跳跃时，则是侧身跃起，然后急转身背脊朝下落水。直冲式跳跃比腹拍式跳跃更为有力，但腹拍式跳跃却能使鲸鱼的呼吸孔离水时间更长。因此佩恩推测，鲸鱼进行腹拍式跳跃是为了更多地呼吸新鲜空气。

对于鲸鱼跳跃的原因，人们常常是根据现象来进行合理的推测。比如，人们发现鲸群要分开或会合时，跳跃的次数就会明显增加。一头鲸跳起来后，在 10 千米范围内活动的另一头鲸鱼也会随之跃出水面。于是有些海洋生物学家就解释说，这说明鲸鱼利用跳跃这种手段来进行同类间的联系交流。

人们还发现，鲸鱼在搏斗时也会跳出水面。在夏威夷群岛的毛伊岛附近，有人看见两头雄鲸先是在水下厮打，然后同时蹿出水面，一头冲到另一头的上边，就好像两架飞机在空中搏斗。于是，生物学家又认为，跳跃有可能是鲸鱼间的一种格斗方式。

以上这些推测虽然听起来都很有道理，但是不是都与实际情况一样呢？鲸鱼跳跃是不是还有别的原因呢？在这些问题没有得到回答之前，就不能说人类已经揭开了鲸鱼跳跃之谜。

# 海豚是最聪明的动物吗？

海豚十分聪明伶俐，在水族馆中，人们能亲眼看到它们的各种精彩表演，而在海中捕食时，海豚还懂得密切合作，一部分海豚组成包围圈，把食物围在当中，另一部分海豚则在里面往返穿梭取食，吃饱后再交换位置。所有这些事例都表明，海豚是一种不同凡响的动物。甚至有人提出，海豚有可能像人类一样聪明。那么，海豚到底有多么聪明呢？

我们先来看看海豚的大脑。海豚在长期进化中，形成了发达的大脑。成年海豚的脑均重为 1.6 千克，人的脑均重约为 1.5 千克，而猩猩的脑均重不足 0.25 千克。从绝对重量看，海豚占第一位。从脑重与体重之比看，人脑重占体重的 2.1%，海豚脑重占体重的 1.17%，猩猩脑重只占体重的 0.7%。海豚的大脑新皮质占整个脑面积的 98%，不仅远远高出其他动物，而且高于人类的 2%，只是人类的大脑皮质要比海豚厚一些。海豚脑中的沟回也很多，沟回越多，智力便越发达。根据这些数据，有人认为，海豚至少应该和人类一样聪明。

如果一种动物具有人类的智力，毫无疑问它就应该具有自己的语言，海豚有自己的语言吗？美国的一位科学家经过几十年的研究，最后得出了肯定的结论。他录制了一套记录海豚声音的录音带，听起来就好像是各种声音的大杂烩，有的像猪的哼哼声，有的像老鼠的吱吱声，但他认为，这些声音就是海豚的语言，只是人类无法听懂而已。

尽管这个观点没有得到所有生物学家的认同，但并不妨碍这方面研究和试验的进行。人们尝试各种方法，试图教给海豚一种人工语言，以达到人类和海豚的沟通。有人曾花了一年多时间让一头海豚学会了用计算机编制的 25 个单码单词，还让其他海豚看懂了用手势表示的单词。这些试验都充分证明，海豚的聪明程度甚至要超过人类的想象，有人甚至主张和海豚种族建立“外交”关系。

持反对观点的学者也大有人在，美国海洋中心的弗德就是其中的一员。他认为，海豚具有一个声呐系统，因而使它们具有惊人的发现目标和观察目标的能力，这自然要求它们有个比较发达的大脑来执行这一功能。海豚的大脑大部分是用来对声波进行分析，而不

具备更高的智能。

也有的研究人员认为，海豚可能会通过发出的声波在对方头脑中产生一个图像，从而使它们能够互相传递信息，就像医院里用来照射母腹使胎儿显像的超声设备一样。一位自称为海豚观察家的诺里斯博士对此并不完全同意。他不排除在海豚头脑中出现某种超声波图像的可能性，但他不承认海豚有自己的语言，认为它们发出的声音不过是“一窝耗子的吵闹”。

科学小讲堂

## 海豚的大脑

从解剖学的角度来看，海豚的脑部非常发达，不但大而且重。海豚大脑半球上的脑沟纵横交错，形成复杂的皱褶，大脑皮质每单位体积的细胞和神经细胞的数目非常多，神经的分布也相当复杂。例如，大西洋瓶鼻海豚的体重为250千克，而脑部重量约为1500克，这个值和成年男性的脑重1400克相近。它的脑重和体重的比值虽然远低于人类，却超过了大猩猩或猴类等灵长类动物。研究显示，大西洋瓶鼻海豚的脑中皱褶甚至比人类还多，它们的大脑皮质表面积为2500平方厘米，是人类的1.5倍。海豚脑部神经细胞的密度与人类或黑猩猩的几乎没有差别。无论从哪个方面看，大西洋瓶鼻海豚脑部的记忆容量或是信息处理能力都与灵长类动物不相上下。

# 双髻鲨的头部为什么特别宽大?

和其他鲨鱼相比，双髻鲨（又称撞木鲛）是个十足的“小字辈”。早在几亿年前，海洋中就有鲨鱼存在了，而双髻鲨直到2500万年前才出现。

在鲨鱼这个大家族中，双髻鲨又以体形奇特而著名。它的头前部向两侧突出，呈锤状，两端各有一只圆形的眼睛，相距一米左右，巨大的三角形牙齿隐藏在又宽又大的头下部。

双髻鲨的头为什么长成这个样子呢？大多数生物学家认为，双

髻鲨有了向两侧突出的头部，上边的眼睛就远远地分开了，这就像炮兵的测距仪器一样，可以扩大视野，在海水深处能够更清楚地看到周围的一切动静。也有人认为，这样特殊的构造可以加强双髻鲨嗅觉器官的灵敏度，它如果要用鼻子嗅出离它60米远的猎物的位置，就特别需要借助于头侧部的运动。

双髻鲨还经常组成庞大的群体在海洋中游弋，曾经有人见到过多达500条的双髻鲨群体。对于这个情形，科学家们也存在着不同看法。大多数海洋鱼类组成群体是为了防御敌害，而双髻鲨在海洋中除了人类的捕杀外，几乎没有令它惧怕的天敌。所以，它们不会是为了防御而结群。

有人认为，双髻鲨结成群体是为了共同猎取食物。此说并无依据，迄今为止还没有人观察到双髻鲨群体出动猎食的场面。

也有人认为，双髻鲨结成群体是为了保护幼鱼，以免遭到敌害的袭击。还有人认为，双髻鲨结群的主要目的是择偶和交配。据观察，每一个双髻鲨群体都是由一定数量的雄双髻鲨和雌双髻鲨组成的。但人们还没有观察到双髻鲨的群体交配行为，这就使得上边的说法只能作为一种猜测存在。

# 河豚鼓胀是为了自卫吗？

当渔民用网把河豚捕到船上时，或者垂钓者用渔竿把河豚拉出水面时，都会发现一个奇怪而有趣的现象：离水的河豚先从喉咙里发出一阵唧唧的叫声，接着它的腹部就会膨胀起来。有些淘气的小朋友喜欢用小棍敲打它鼓起来的肚皮，好像敲鼓一样。

河豚的肚皮为什么会鼓胀？原来，它的肚子里有一个膨胀囊，与胃部相连，当这个膨胀囊充气或充水时，河豚的肚子就会鼓起来。

看来，这个问题实在简单，三五句话就说清楚了。而实际上却不是这样，至今生物学家们所能解释的只是河豚身体鼓胀的生理机制，而对于这种鼓胀的意义，却没有形成一致的意见。

按照通常的观点，河豚让肚皮突然鼓起来，是为了威胁对方，把敌害吓走。另外，它还可以用这种方法来自卫。假如有一条大鱼想吃掉它，但它的身体突然鼓胀起来，敌人就觉得很难把它吞食下去，只得选择放弃。

生物学家注意到，与河豚有血缘关系的鱼类身上都带有棘刺。很显然，它身上的棘刺和鼓胀本领都是自卫手段。而河豚只有在幼小的时候，身上才有很少一些棘刺，长大后就没有了。由此可以推断，河豚鼓胀身体的本领是作为自卫手段保留下来的。

对于这种观点也有人提出了不同意见。如果说河豚鼓胀身体是为了自卫，那么它们所要对付的一定是水中凶猛的鱼类。而据实际观察，河豚虽然有时候也在水中鼓胀，但大多数时候是在空气中鼓胀。难道说它是用这种方式吓唬人类吗？再者，河豚是有毒的，即使是那些凶猛的鱼类也不敢吞食河豚，就连长得像河豚的鱼，它们也不敢惹，河豚又何必用鼓胀身体的方式来表示自己不好惹呢？

于是，又有人提出，河豚吸了大量空气，就会变成一个大“气球”，浮力就会增加，任凭风吹浪打也不在乎，可以顺着风和海流到处漂荡。还有人认为，河豚离开水后，呼吸就变得困难起来，只好吸进大量空气，以补充氧气的不足，这样一来肚皮就鼓起来了。

以上说法似乎都有一定道理，但真相究竟如何，还需要生物学家进一步研究。

## 乌贼发光是为了吓唬天敌吗？

乌贼有发光的本领。1954 年，法国潜水专家库斯托乘坐海上潜水器潜入 2100 米深处，看到一只长约 45 厘米的枪乌贼喷射出一滴滴明亮闪光的液体，水中顿时出现了一串串灿烂的蓝绿色的光点，这些光点慢慢地散开，变成了一片发亮的“火焰”。

美国生物学家卡尔专门研究过一种外号叫“怪灯”的乌贼，它是从南大西洋 1200 米深处捉到的。这种乌贼身上共有 24 个发光器官。

它的头部五光十色，仿佛戴着一顶用宝石镶成的王冠。它的眼睛周围发出绀青色的光，身体两边闪耀着珍珠般的清辉，肚子下面放出红宝石一般的光华，真是漂亮极了。

乌贼不仅能发出美丽的光，它的发光器官效率也很高，发出的光有 80%~93% 是由短波光组成的，热射线只占百分之几。我们日常用的电灯泡只能把电能的 4% 转化成光，其余的都变成热量浪费掉了，霓虹灯也只能把 10% 的电能转化成光。相比之下，乌贼的光源实在是一种高效率的“冷光”。

乌贼的发光机制极为复杂，至今科学家们也没有彻底搞清楚。一种比较成熟的看法认为，乌贼的光是由一种特殊的发光细菌引起的。乌贼卵在发育阶段就受到祖传下来的发光菌的感染，发光菌与乌贼一起生长。这样世代相传下去，发光菌就在乌贼体内永远安下家来。它们沿着微细管进入具有氧气等优越条件的发光器中，就会发出光亮来。如果含菌的黏液被喷到海水里，遇氧发生化学反应，就会产生绚丽的光彩。

那么，乌贼为什么要发光呢？根据生物学家的研究，初步认为有这样几种可能性：用来吓唬天敌，猎取时用来照明，用来吸引异性，用来联络同类。究竟真相如何，还有待于生物学家的进一步研究。

# 变色龙变色是为了隐藏自己吗?

变色龙学名叫避役，主要分布在非洲大陆和马达加斯加岛。它的舌头比身体还长，用来捕食昆虫十分方便。

变色龙最令人感兴趣之处，是它随时可以改变自己身体的颜色，而这对于人们来说已经没有什么秘密可言了。它变色的奥秘就在于真皮内有多种色素细胞，在植物性神经系统的调控下，它们可以扩展或收缩，从而引起体色的变化。变色龙的体色变化并不像人们想

象的那样丰富多彩。每只变色龙只有一种基础色素细胞，它可以变深、变浅，并同其他颜色配合在一定范围内改变体色。

按照传统的解释，变色龙变色就是为了隐藏自己，以便捕捉猎物，但生物学家的最新研究发现，变色龙变换体色的作用也许是多方面的。美国变色龙研究专家克里斯多弗·拉克斯曾亲自登上马达加斯加岛，对变色龙的生活习性进行了深入研究，他发现变色龙之间的信息传递和表达就是通过变换体色来完成的。当雌性变色龙对求偶者不中意时，其体色就会变得暗淡，还会显现出闪动的红色斑点。当其他变色龙侵犯了自己的领地时，暗黑色的雄性变色龙就会变成明亮的颜色，用以警告对方赶紧离开。当变色龙准备发动攻击时，体色就会变得很暗，好像在发出最后通牒。有些变色龙平静时身体是绿色的，而遇到敌害时就会变成红色，这显然是在威胁对方，目的是保护自己，避免遭到攻击。

按照以上说法，变色就成了变色龙的语言，既然是语言，其作用一定还有很多，人类是不是都能发现呢？

# 为什么鸟能飞得特别高?

很多鸟不仅飞得远，而且飞得高。我们都知道，高空的条件与地面不同，不仅气温低，而且严重缺氧。如果让人类和其他哺乳动物不带任何装置进入高空，就会因为缺氧而使生命受到严重威胁，而鸟在高空飞行却能安然无恙，这是怎么回事呢?

人处在海拔很高的环境里，就会张大嘴使劲喘气，以迅速地吸进更多的氧气，这就叫“过度换气”。鸟和人一样，在缺氧时也会过度换气。

人与鸟不同的是，当人过度换气时，固然能给血液补充更多的氧气，同时也使血液中的二氧化碳大量减少。二氧化碳在人体内的作用是保持酸碱比例平衡，当二氧化碳在过度换气中被大量消耗后，体液就会变得有较强的碱性，而碱性过强就会很快危及生命。于是，脑血管开始收缩，以控制快速呼吸，这样一来大脑又会缺氧。所以，人们即使在平地上过度换气，也会感到头昏目眩。有人认为，鸟在高空进行快速呼吸时，不会发生脑血管收缩现象，这就是鸟能够飞越高山却安然无恙的原因。

为了证实这个猜测，美国的动物学家用野鸭做过试验。他把野鸭放进相当于 8000 米高空的大气压力的条件下，然后把氙气（一种

稀有气体）输送进野鸭的动脉血管里，这样就可以通过观察氙气随着血液进入脑组织的流量，测得血液进入脑中的流量。试验结果表明，进入野鸭脑中血液的流量并没有减少，可见过度换气对鸟类确实是行之有效的办法。而在同样的条件下，哺乳动物的脑血流量要比正常时减少 50%~70%。

那么，为什么人类和哺乳动物过度换气时会减少大脑的供血量，而鸟类却不会出现这种现象呢？目前还没有人能找出其中的原因，只能推测鸟类的大脑有它的独特之处。

# 信鸽不迷路是因为有定位能力吗？

1979年，我国第四届全运会在北京召开，开幕式上放飞了2000多只信鸽，它们都是从上海专程运来的。几天以后，这些信鸽全都飞回了上海。

信鸽为什么能长途飞行而不迷路呢？经过科学家们的长期探索，目前已经基本揭开了信鸽认路之谜。归纳起来，信鸽有以下几种特殊的本领：

第一个是地磁场定位能力。鸽子眼内有一块突出的“磁骨”，它能够测量出地球磁场的变化。如果在鸽子身上装上磁铁，干扰了它们的磁场定位能力，鸽子就会迷路。

第二个是纬度定位能力。在不同的纬度地区，鸽子便会有不同的感觉，这种感觉能帮助它们辨认方向。

第三个是震撼小

体测位能力。在鸽子的腿部附近有一种葡萄状的震撼小体，每个大小为 0.1 毫米左右，它们对微小震动非常敏感。在飞行途中，它们可以根据这些震撼小体提供的信号参数来测定气候的变化，进而确定方位。

第四个是飞返逆位能力。经过长期训练的信鸽，能够养成从使用地点到住地飞返逆行的习性，也就是原路返回。

第五个是大气压数据定位能力。信鸽对海拔高度差产生的随季节变化的大气压力有着灵敏的感觉，如果飞错了路，它们会立即感觉到不适应。

还有的科学家认为，信鸽是依靠对太阳位置的辨别以及它们体内的时钟而从遥远的地方飞回来的。信鸽熟记了同一时间太阳在它的目的地所在位置的高度。它在某地被放飞后，一边在高空盘旋飞翔，一边观测着太阳的高度，根据这一测定，信鸽就能顺利地找到家。

既然信鸽有这么多本领，长途飞行不迷路也就丝毫不奇怪了。但同时，人们又不能不产生出这样的疑惑：会不会是人类把这个问题搞得过于复杂了？也许信鸽只用很简单的方法就能辨认方向，而这个很简单的方法可能只是上面所提到的一两种。

# 巨嘴鸟的大嘴是为了装饰吗？

在南美洲亚马孙河河口一带栖息着一种相貌奇特的鸟，它的外形很像犀鸟，最大体长不过 70 厘米，而嘴长 17~24 厘米，宽 5~9 厘米，又粗又壮。于是，人们就给这种鸟起名叫“巨嘴鸟”。

巨嘴鸟的嘴和身体的比例这样不相称，会不会把脖子折断呢？你不用为此而担心。巨嘴鸟的嘴虽然很大，但一点儿也不笨重，活动起来非常灵活。原来，它的嘴骨构造很特别，不是一个致密的实体，

外面是一层薄壳，中间是多孔的海绵状组织，充满了空气，看上去沉甸甸的，实际上重量还不足 30 克。

巨嘴鸟以果实、种子和昆虫为食，有时也吃鸟卵和雏鸟。它特别爱吃白蚁，每当蚁巢坍塌时，巨嘴鸟就会喜滋滋地冲上去，把全巢白蚁吃个精光。巨嘴鸟吃东西的方式也很特别，它总是先用嘴尖把食物啄住，然后仰起脖子，把食物向空中一抛，再张开大嘴，准确地将食物接入喉咙里，而不必经过那张很长的大嘴。

巨嘴鸟的大嘴让人觉得很有趣，科学家也对这张嘴感兴趣。按照著名生物学家拉马克“用进废退”的理论，巨嘴鸟的这张大嘴一定是因为某种用途才逐渐演化来的。那么，巨嘴鸟的大嘴有什么用处呢？在这个问题上，科学家们的看法不尽一致。有人认为，巨嘴鸟的大嘴不过是一种装饰，也可以作为一种识别的标志。有人看见过巨嘴鸟用大嘴将鹰赶走，然后去劫掠鹰的巢穴，由此认为巨嘴是巨嘴鸟用来进行恐吓的工具。也有人认为，巨嘴鸟的大嘴既轻巧又坚固，可以用它从树枝上摘取水果和干果。

# 猫头鹰为什么能在黑暗中猎食？

猫头鹰是鼠类的天敌。据统计，一只猫头鹰一夜间就能捕猎几十只野鼠，一年下来，一只猫头鹰就能消灭几千只野鼠。我们都知道，鼠类对庄稼的危害很大，而猫头鹰吃鼠，猫头鹰自然就是益鸟了。猫头鹰进入繁殖期间，捕鼠活动相当惊人，即使在饱食以后，看见鼠类仍然穷追猛打，宁可杀死丢弃，也不肯让野鼠逃掉，因此人们把它称作“田园的忠诚卫士”。

鼠类总是在夜里出来活动，借着黑暗的掩护干坏事，为了捉住这些可恶的家伙，猫头鹰就养成了夜行昼息的习性，白天睡大觉（你可不要以为它是个懒鬼），晚上出来逮野鼠。要想在晚上逮住狡猾的野鼠，眼睛就得特别

好使，而猫头鹰的目力令人叫绝，即使在漆黑的夜里，只要野鼠一出现，猫头鹰就能准确无误地将它逮住。

猫头鹰的眼睛好使，是不是因为它的眼睛睁得特别大呢？当然不是。猫头鹰的眼睛老是睁得大大的，那是因为它的眼睛周围没有环状肌，只有放射状肌，只能使瞳孔扩大，不能使瞳孔缩小。猫头鹰眼睛内的视网膜上没有能感觉色彩的圆锥细胞，却有大量的圆柱细胞，圆柱细胞有个特点，只要有微弱的光线就能工作，所以猫头鹰在夜间也能看得清清楚楚。

有些生物学家还发现，猫头鹰之所以有惊人的视力，是因为它能感觉到猎物体表散发出来的热量。也就是说，猫头鹰的眼睛能捕捉到一种人的眼睛看不见的红外线。

大家都知道，一束自然光线透过棱镜后，能分解成不同波长的光，其中只有红、橙、黄、绿、蓝、靛、紫七色光是人眼所能看见的，而红外线、紫外线人眼看不见，只有借助仪器来检测。所有的鸟类、鼠类都能放射出红外线。凡是对红外线极为灵敏的猛禽，都能测出猎物的位置，从而把它捕获，猫头鹰也是如此。

然而，当一些学者肯定地认为猫头鹰具有这种红外“视觉”时，另一部分学者却通过试验证明，猫头鹰根本没有这种特殊的视觉。究竟谁是谁非，至今还没有定论。

# 龟的寿命为什么特别长？

在动物世界里，论寿命最长的应该首推龟了，所以龟有“老寿星”的称号。那么，龟的寿命究竟有多长呢？

美国的一个动物园里养了一只乌龟，从15世纪开始处于半眠半醒状态，活了400多年。一位韩国的渔民在沿海抓住了一只海龟，长1.5米，重90千克，背甲上附着许多牡蛎和苔藓，估计其寿命为700岁。1984年，在河南省南阳市展出一只乌龟，体重194千克，有些科学家测定，其龟龄达到1050岁。

其实，在龟类王国里，不同龟种的寿命长短不一，有的龟可以活到100岁以上，而有的龟只能活到15岁左右。不过，对于那些能够长寿的龟，却从未有人产生过怀疑，只是对龟的长寿原因知之甚少。近年来，为了揭开人类的寿命之谜，国内外的一些科学家把龟当成最好的动物模型加以研究，获得了很多新的发现，但关于龟长寿的根本原因却是说法不一。

根据动物学家和养龟专家的观察和研究，以植物为生的龟类的寿命，一般要比吃肉和杂食的龟类的寿命长得多。比如，生活在太平洋和印度洋热带岛屿上的象龟，以青草、野果和仙人掌为食，可以活到300岁。另一些研究人员却认为这个说法并不可靠，比如以蛇、鱼、蠕虫等动物为食的大头龟和一些杂食性的龟类，寿命也有超过100岁的。

还有的研究人员发现，龟的寿命与龟的身体大小有关，龟体大的寿命就长，龟体小的寿命就短。有记录可查的长寿龟，例如象龟和海龟都是龟族中的大个子，前者是世界上最大的陆地龟，后者的个头也很大。但是上海自然博物馆的动物学家却不能同意这一观点，因为该馆保存有一只大头龟标本，它的个头不如象龟和海龟大，可是它的背甲上刻有“道光二十年”（1840）的字样。这只大头龟是1972年在长江里捕获的，从刻字那年算起，到捕获的时候为止，这只龟至少已经活了132年。

一些科研人员又从细胞学、解剖学、生理学等方面来研究龟的

长寿秘密。他们选择了一组寿命较长的龟和一组寿命不太长的龟，作为对照试验材料。结果表明，寿命较长的那组龟的细胞分裂代数普遍较多，而寿命较短的那组龟的细胞分裂代数普遍较少。人的胚肺纤维细胞，在体外培养到50代时，就再难以往下继续分裂了，而乌龟的胚肺纤维细胞可以分裂到110代。

有的动物学家和医学家还检查了龟类的心脏机能。龟的心脏离体取出后，竟然能够自己跳动24个小时之久。这说明龟的心脏机能比较强，同龟的寿命较长也有直接关系。

从整体上说，龟类有一副坚硬的甲壳，使其头、腹、四肢和尾都能得到很好的保护。它行动缓慢，还有嗜睡的习性，一年要睡上10个月左右，既要冬眠又要夏眠，新陈代谢特别缓慢，能量消耗极少。这些都与龟的长寿有一定关系。

有的生物学家还认为，龟的长寿与它的呼吸方式也有关系。龟类没有肋间肌，呼吸时必须用口腔下方一上一下地运动，才能将空气吸入口腔，并压送至肺部。它在呼吸时，肺一张一吸，头、足也跟着一伸一缩，这种特殊的有节奏的动作，也有可能是龟类长寿的原因。

# 昆虫也有智慧吗？

昆虫是比较低等的动物，它们没有发达的脑，神经细胞也非常少。长期以来，人们都认为昆虫本身不具备智慧。然而，随着生物学家对昆虫行为的研究，发现了很多有趣的现象。

有一位美国的生物学家喂养了两组名叫乳草蝽的昆虫，一组给它们吃葵花籽，另一组给它们吃植物马利筋。马利筋中含有一种毒素，可是乳草蝽有本事把这种毒素“储藏”在体内，不会中毒。葵花籽不含毒素，因此吃葵花籽的乳草蝽体内就没有毒素积累。这位生物学家把这两组昆虫拿给螳螂吃，螳螂吃了体内含有毒素的乳草蝽，就会中毒。以后，不管螳螂怎么饥饿，也不管乳草蝽是否含有毒素，它都不敢捕食这种昆虫了。这种学习行为算不算是一种智慧呢？

类似这样的例子还有很多。因此，一些生物学家认为，昆虫虽然只有简单的神经节，却是有智慧的。另一些生物学家则认为，昆虫的行为只是出于本能而已，并不能说明它们真的有智慧。

ZHIWU PIAN
植物篇
ZHIWU PIAN

# 植物的根和茎为什么各有所向?

是什么力量促使植物根朝下长茎朝上长呢?科学家们首先想到了地心引力。为了说明这一点，可以做一个小试验：把一粒发了芽的蚕豆平放在潮湿的空气中，不久就会发芽，先长出来的是根，后发出来的是茎。随便你把蚕豆怎样摆放，正放、平放或倒放，它的根总是向地下长。如果把发了芽的蚕豆平放在潮湿的空气里，过几个小时，它的根就会向下弯曲。

19世纪初，有位科学家做了一个巧妙的试验。他把各种植物种苗放在一个轮子上，让这个轮子围绕着水平轴转动，便产生了离心力，恰好能抵消地心引力。这样一来，植物便按照离心力的方向水平生长，根向外长，而不再往下长了。

既然植物的生长要受地心引力的影响，那么为什么只有根往下长，茎却往上长呢（茎向上生长的习性被称为负向地性或背地性）？

1926年，美国的植物学家费里茨·温特首先对这个问题做出了解答。他在试验中发现，植物的胚芽鞘受到光照后，它的生长就会发生有趣的变化，渐渐地朝着有光的方向弯曲。后来，他从胚芽鞘中分离出一种化学物质，称为植物生长素。当阳光照射到植物上时，植物生长素就会聚集到遮阴的一侧，而这一侧的细胞要比受到阳光照射那一侧的细胞增长得快，这种不对称生长使得植物向光弯曲。同样道理，由于植物组织下部植物生长素的含量比上部多，就使得植物的根向下长，茎却朝上长。

自从温特发现了植物生长素的秘密后，很多科学家都投入到这一研究领域，陆续有了很多新发现。植物的根部还有一种生长调节剂（赤霉素），也许有一种被称为“平衡面”的重力感应物流向植物根部细胞，影响到生长调节剂的分布，从而使得上面比下面生长得快，致使根往下长。植物的根部下侧和茎的上侧，都存在着高含量的无机钙。在重力的作用下，淀粉体会把植物内部的无机钙大量送到根部下侧，这也使得植物根往下长。

美国俄亥俄州立大学的植物学家迈克尔·埃文斯等人在研究中又发现，植物在弯曲生长的过程中，无论是根部下侧还是芽的上侧，都存在着高含量的无机钙。在重力的作用下，淀粉体会把植物内部的钙送到根部下侧。如果用特殊的手段阻止钙的移动，植物就会不按正常方式生长。这显然说明，无机钙对植物的生长方向有着不可忽视的作用。

如果无机钙控制着植物的生长方向，那么除了重力之外，又是什么力量使无机钙能够在植物体内来去自如地上下移动呢？美国得克萨斯州立大学的研究人员斯坦利·鲁发现，细胞的上端和下端之间的电荷数目不同，这种不一致引起细胞极化，当为数众多的极化细胞排列在一起时，强大的总电荷就足以吸引相反电荷的钙原子在植物体内移动。斯坦利认为，由于细胞极性带动钙的移动，从而导致植物的茎总是向上长，根总是往下长。

随着研究的不断深入，人们在控制植物生长方向方面不断有所发现，但到目前为止，还没有彻底揭开这个谜。

# 植物真的有语言吗？

1927 年，澳大利亚的一位科学家发现，当植物遭到严重干旱时，就会发出咔嗒咔嗒的声音。这位科学家觉得很奇怪，就做了一个很精确的测量，结果发现，这种咔嗒咔嗒的声音原来是由很微小的“输水管震动”产生的。但让这位科学家无法解释的是，这种声音是植物渴望喝水而有意发出来的，还是一种纯粹的偶然现象。他百思不得其解，就提出了一个观点：如果情况属于前者，就明显意味着植

物也有语言，而且植物还能用一定的方式表达出来。

这个观点提出来后，在科学界引起了强烈反响，很多科学家开始研究这个问题。两位分别来自加拿大和美国的科学家做了一个试验。他们在玉米的茎部安装了监听装置，并与电子计算机连在一起。结果发现，当植物不能从土壤中得到所需要的水分时，它便从茎部的组织中汲水，同时产生一种超声波噪声，恰似呼救声。

还有两位科学家在一条非常干旱的峡谷中装上遥感装置，用来监听植物生长时发出的电信号。结果发现，当植物把养分和阳光转化成生长原料时，就会发出一种很特别的信号。他们通过进一步的测量和观察后，得出这样一个结论：如果能把这些信号翻译出来，人们就可以了解植物生长过程中的每一个阶段，从而根据它们的要求进行培育。

如此说来，这种信号不就是植物的语言吗？这个观点提出来后虽然轰动一时，但也引起了一些科学家的质疑：这些信号

果真能反映出植物各个生长期的要求吗？这种信号真的就是植物的语言吗？

有的科学家认为，假如承认植物也有语言的话，这种语言也不是电信号，很有可能是植物所分泌的化学物质。德国的一些科学家则认为，有些植物可以通过高频声音来说话，只是由于频率太高，人耳听不见；另一些植物则通过极微弱的光来传递信息，这种微弱的光人眼难以觉察，但仪器可以测出来。德国生物学家赫伯特·威茨教授宣称，已经破译了包括洋槐、梧桐等 10 余种树木的语言。

日本学者岩尾宪三和英国学者罗德联合制造出一台仪器，名叫“植物活性翻译机”，只要把它的一根引线与植物的叶子连接，接上放大器与合成器，就可以通过电子翻译器，在耳机内清晰地听到植物在说话。有些植物发出的声音很难听，而有些植物被浇过水或是受到了太阳光的照射，就会发出清脆悦耳的声音。在刮大风或干旱的天气里，有些植物会发出低沉的“叫声”，就好像它们在忍受着很大的痛苦似的。岩尾宪三和罗德认为，这些声音都是植物的语言，而且意思很明确。

日本早稻田大学的三轮敬之教授把植物叶波的变化转化成声音，通过喇叭放出来，发现植物之间存在着声音的沟通，就像唱歌一样互相倾诉，在叶子的共鸣中共同成长。

尽管有不少科学家认为植物是有语言的，但由于缺乏理论依据，这种观点至今还没有得到普遍的认可。

# 植物能不能进行自卫？

自卫是一种有目的的反应，它需要神经系统做出判断，需要一种意识活动，而这两点都是植物所不具备的，因此植物就不能进行自卫活动。然而，这种传统的科学观点却在现实中遭遇到了挑战。

1970年，美国阿拉斯加州的原始森林中野兔的数量激增，它们疯狂地啃食嫩芽，破坏树根，严重地威胁了这里的森林。人们绞尽脑汁地围捕野兔，但收效不大。眼看着整个森林面临着被毁灭的危险，突然间野兔们集体闹起肚子来，它们死的死，逃的逃，几个月后，森林中再也见不到它们的踪迹了。

这是怎么回事呢？科学家们经过研究后才知道，那些被野兔啃过的植物重新长出的芽、叶中，都产生出大量的一种名叫“萜烯”的化学物质，这种化学物质进入野兔的体内，给它们带去了厄运。

1981年，同样的事情再度上演。一种叫舞毒蛾的害虫袭击美国东北部的橡树林，在短短的时间内，大片的橡树就被舞毒蛾啃光了叶子。严重的灾情使林学家们一筹莫展，他们所能采取的措施都无济于事。奇怪的是，一年之后，这种害虫全部消失了，橡树林重新恢复了生机。

这又是怎么回事呢？科学家们对橡树叶的化学成分进行分析，

舞毒蛾

这才揭开了其中的奥秘。原来，橡树叶子在遭受舞毒蛾的攻击之前，叶子中所含的单宁酸并不多，被舞毒蛾噬咬后，橡树叶中单宁酸的含量大增。这种单宁酸跟舞毒蛾胃中的蛋白质非常容易结合，从而使得橡树叶子难以被消化，于是舞毒蛾变得病恹恹的，或一命呜呼，或被鸟类啄食。

这两起事件发生后，一些植物学家就提出了这样一种观点：植物是能够进行自卫的。接着，很多科学家对此进行了大量研究。英国植物学家厄金·豪克伊亚发现，白桦树和枫树被害虫咬过后，树叶中的酚类物质的含量便会急剧增加，对于害虫来说，叶子的营养价值就大大降低了。一旦害虫的威胁解除，叶子中的含酚量就会减少。如果经常遭到害虫的侵犯，树叶中还会产生出一种对害虫有抵抗作用的化学物质。

类似的例子还有很多。西红柿和马铃薯在遭到害虫侵犯时，会分泌出两种阻化剂，破坏害虫消化它们的过程。西红柿在害虫第一次入侵 4 个小时后，受害部位会积聚起大量阻化剂；如果遭到第二次入侵，入侵部位就会合成并分泌出一种能增强自身抵抗力的激素，使阻化剂的浓度增加 3 倍。更加令人惊奇的是，有些植物还会产生出对昆虫的生育能力起破坏作用的类似激素的物质，昆虫在取食这种植物后，就会不知不觉地失去繁殖后代的能力。

植物既无神经，又无意识，它们如何能感受到害虫的侵袭呢？它们又是如何适时地合成对自身无害却对害虫有威胁的化学物质呢？又是如何发出和接收入侵“警报”的呢？这些至今还都是难解的谜。

# 植物也喜欢听音乐吗?

1983年，日本山形县天童市的东北尖端科技公司创建了一个占地991平方米的奇迹农场。这个农场与众不同之处就是安装了一套音响设备，由经过特别设计的16支管状喇叭播放音乐，供植物欣赏。据这里的研究人员报告，100~200赫兹的低音，最能刺激植物生长。

植物没有耳朵，怎么能听懂音乐呢？如果你抱有这种怀疑态度的话，不妨先来看看这样一些事例：法国有一位园艺学家，把耳机套在一只正在成熟的西红柿上，每天为它播放3个小时的音乐。结果这个西红柿长到2000克重，成了当时世界上的番茄王。

印度有位生物学家名叫辛夫，他曾做过这样一个试验：每天让凤仙花听25分钟优美动听的音乐。过了15个星期后他发现，听音乐的凤仙花要比不听音乐的凤仙花长得快，叶子平均多长了12%，株高平均多长了20%。这个结果让辛夫很兴奋，他继续做试验，发现优美的音乐可以使水稻增产25%~60%，使花生和烟草的产量提高50%左右。

那么，植物喜不喜欢听噪声呢？美国科学家把20种花卉分别放在安静和喧闹的环境里，结果发现噪声使花卉的生长速度平均减慢了47%。人们还发现，在充满噪声的喷气式飞机场附近，农作物的产量普遍下降，有的农作物甚至出现枯萎。

美国的一位歌唱家里特莱克每天对金盏花播放一次摇滚乐，两个星期后金盏花全部死亡。美国坦普尔大学生物系的两个大学生，用收音机分别对两组西葫芦播放声音较大的摇滚乐和优美的古典音乐。过了一段时间后，他们发现，听摇滚乐的西葫芦的藤蔓爬离了播放乐曲的收音机，而听古典音乐的西葫芦却用藤蔓去缠绕收音机，好像以此表示喜欢。

植物虽然喜欢听优美的音乐，却厌恶过度的音乐刺激。有人曾以每隔 6 秒一个节奏的音乐刺激植物，10~20 分钟之后，植物的脉冲就会逐渐与这个节奏一致起来。但连续播放 1 个小时后，植物的脉冲就会失去规律。如果 30 分钟后停止播放音乐，植物则能维持规

律的脉冲。由此看来，植物也像人一样，能对有节奏的声音产生有韵律的共鸣。

对于音乐能促进植物生长的原因，有人认为这是一种比较复杂的能量转换形式。音乐是一定的频率的声波振动，能对细胞产生共振，原来处于静止和休眠状态的分子就会和谐地运动起来，从而促使植物细胞内部物质氧化、还原、分解和合成。

日本早稻田大学的三轮敬之教授曾做过这样的试验：取来约40片植物叶子，分别通上电极，并播放不同的音乐。结果发现，这时植物体内的电位会发生变化。由此他认为，音乐促进植物生长的原理就在于它能引起植物的电位变化，产生离子传导作用，或者说是与活化细胞有关。

日本东北尖端科技公司的研究人员高桥则生却另有一番解释，他认为植物的气孔在音乐的刺激下就会打开，促进光合作用的进行，同时因为碳水化合物的同化作用，也能促进植物的生长。

尽管人们对音乐促进植物生长的奥秘还不大了解，却不妨碍这种方法的实施。也许在不久的将来，人们在市场上就会买到专门听贝多芬或莫扎特的乐曲长大的蔬菜、瓜果。

# 植物也有眼睛吗？

植物当然不能像动物那样能够长出有形的眼睛，但这并不等于说植物就完全不具备眼睛的功能。我们都知道，很多植物都有强烈的趋光性，还有很多植物只有在见到阳光时才会开花，如果植物没有眼睛，它们又怎么能感受到与生命活动息息相关的光呢？

早在20世纪初，欧洲的植物学家在研究烟草的新品种时，就发现植物对光照的时间有着很敏感的反应。把那些新培育出来的在夏季和秋季不开花的烟草品种，每天下午4时搬进屋内，上午9时才搬到屋外，每天只能见到7个小时的阳光，它们就会在夏季里开花。用灯光增强对这些烟草品种的照射，使它们在冬天里也能获得像夏天一样长的光照，但它们却开不出花来。

在研究植物的光合作用

时，植物学家还发现了一个有趣的现象：很多植物不仅能看见光，而且还能看见光的颜色。比如，胡萝卜和甘蓝最喜欢红、黄光，在接受红、黄光照射时，它们就会长得格外快。甜瓜最喜欢红光，长期接受红光照射，甜瓜的含糖量和微生物含量就会显著提高。在红色薄膜的覆盖下，喜欢红光的水稻秧苗会长得格外旺盛。喜欢黄光的芹菜、莴苣在黄色薄膜的覆盖下，会长得茎粗叶大。香菜、韭菜喜欢蓝光，在蓝色薄膜的覆盖下，可以增加其体内维生素 C 的含量，还可以提前收获。

有一种蓝藻，能够根据光线的强弱和照射位置在水中移动。在中等强弱的光线下，蓝藻就会游动起来，有的在寻找光亮，有的在避开特别强烈的光亮，就好像它们真的有眼睛一样。

大量事实使得一些植物学家做出这样的推测，植物虽然没有明显的视觉器官，但植物的叶子内好像有视网膜那样的东西，它们是光感受器，也就是植物的“眼睛”。依靠着这些光感受器，植物不仅能“看到”光，还能够感觉到光照的“数量”（光照度、光照时间）和“质量”（光波）。

那么，植物的光感受器是怎样工作的呢？过去，人们只知道叶绿素把光作为能源，并只对一定波长的光做出反应。经过深入持久的研究，植物学家们终于发现几乎每种植物细胞中都含有一种专门的色素——视觉色素，它把光作为信息源，能对不同波长的光做出反应。视觉色素是一种带有染色体的蛋白质分子，具有吸收光的能力。不过，视觉色素在植物中含量极少，据计算，在 30 万棵燕麦苗中才

能提炼出一试管的视觉色素。

有了视觉色素，就相当于给植物安上了眼睛。当浅色光出现时，视觉色素就变得活泼起来，相当于植物睁开了眼睛；当暗色光出现时，视觉色素就变得迟钝起来，就相当于植物闭上了眼睛。

那么，视觉色素又是怎样左右植物的呢？经过进一步研究，植物学家们发现，从植物的根到叶都有着完整而灵敏的感觉系统，借助于视觉色素对光产生既定的反射反应。比如，当邻近的植物遮住了太阳光时，视觉色素就会发出长高的指令，让植物尽快摆脱阴影的威胁。当白天和夜晚交替时，视觉色素又会发出化学信号，命令植物打开或关闭花蕾。

利用细胞生物学，可以说人们已经找到了植物的眼睛，但是对于植物眼睛的认识，却还是充满了许多未知数。

## 日照与开花

全世界的植物大致可以分成三大类：一类是长日照植物，如小麦、蚕豆等，白天光照要在12个小时以上才能开花；另一类是短日照植物，如大豆、烟草等，白天光照要少于12个小时才能开花；还有一类是中性植物，对光照时间没有什么要求，无论光照时间长短都能开花。

# 为什么有些植物也要午睡？

很多人有午睡的习惯，令人感到奇怪的是，有些植物也需要午睡。所谓植物的午睡，是对它们光合作用强度减弱的一种形象化的说法。大多数植物从早到晚进行的光合作用，都呈现出一条单峰形曲线，即上午因为光线变强，温度变高，光合作用从低到高；下午因为光线变弱，温度变低，光合作用的强度由高变低。也就是说，这些植物没有午睡现象。

有些植物却不是这样，比如小麦、大豆等，它们的光合作用日变化呈现出双峰变化。上午，光合作用强度逐渐升高；到中午明显减弱，甚至非常微弱；下午又逐渐升高。植物学家把这种现象称为“植物的午睡”。

为什么有些植物也要午睡呢？大多数植物学家认为，这是植物光合作用受到环境因素（尤其是水分）影响的结果。植物要想正常地进行光合作用，就必须有适宜的光、温、水、气、土等环境条件。但在一天之中，这些条件是不断变化的。据观测，在炎热的夏天里，中午气温很高，常常超过了植物适宜光合作用的温度；空气的湿度，在中午时可达到一天中的最低点；空气中二氧化碳的浓度，也是到中午逐渐降低，午后才会逐渐回升。

为了适应这些条件，植物就会将气孔关闭，减少水分消耗，这样一来，二氧化碳进入叶片的量就减少了，植物便会关闭全部气孔，使二氧化碳几乎不能进入叶片，光合作用就会严重减弱，甚至完全停止，于是就出现了午睡现象。

以上关于植物午睡的解释只是一家之言，而其他说法也各有道理。有人认为，植物光合作用的减弱，是由空气中二氧化碳的浓度降低直接引起的。也有人认为，干旱条件会抑制叶片内糖分向外运送，叶片内积累的糖分过多，其反馈作用就会降低光合作用。还有人认为，午睡现象是植物的生物钟有节奏地调节引起的。

不管植物午睡的原因是什么，但有一点可以基本确定下来，作为对环境不良因素的被动的适应调节，植物的午睡对其自身的生长发育是不利的，减少了有机物的合成。如果是农作物，还会造成减产。

有人发现，在炎热的中午对小麦喷水，可以减轻或消除其午睡现象，有利于光合作用的进行，进而提高产量。

## 植物的蒸腾作用

水分从植物地上部分以水蒸气状态向外散失的过程叫蒸腾作用。在一般情况下，如果周围气温高，光照强，湿度小，植物叶片气孔的开放程度就大，蒸腾作用就强；如果周围气温低，光照弱，湿度大，植物叶片气孔的开放程度就小，蒸腾作用就弱。植物减少蒸腾作用，可以保持体内水分。

# 植物落叶是为了减轻负担吗？

在温带地区，当秋天来到时，树上的叶子渐渐枯黄，随着瑟瑟的秋风悄然飘落。对这个现象植物学家早就做过解释，落叶是树木的一种自我保护手段。秋天，由于外界气候条件的变化，大多数植物开始减少营养物质的吸收，这时候叶子的存在不但无益，反而会加重植物的负担，于是叶子就不能再生存下去了。

很多试验都证明了这种观点的正确性。比如，在大豆开花的季节里，每天都把生长的花芽去掉。过了一段时间，与不去花芽的植株相比，去掉花芽的大豆的花叶子显著地推迟了脱落的时间。由此可以得出这样的结论：植物为了减少营养物质的竞争，这才把叶子当成了牺牲品。

然而，进一步的观察却使科研人员对上述结论产生了怀疑，许多植物叶片的衰老并不是发生在开花结果之前，而是在其后。比如，雌雄同株的菠菜的雄花刚开始形成时，叶子就开始枯萎了。

深秋时节你走在马路上，如果仔细观察一下就会发现，尽管马路两旁的树木已是叶落枝枯，但是靠近路灯的几棵树上，却还有几片绿叶在寒风中艰难地挺立着。这个现象让科研人员受到启发，看来落叶大多发生在秋天，主要原因很有可能不在于温度，而在于光照。

试验结果表明，增加光照的确可以延缓叶子脱落，用红光照射效果更明显；如果缩短光照时间，则会促进叶子脱落。

为了揭开落叶的奥秘，科研人员还通过电子显微镜对叶子进行深入观察。他们发现，在叶片衰老的过程中，蛋白质含量显著下降，RNA 的含量也会下降，叶片的光合作用能力降低，叶绿体遭到破坏。而这一系列变化过程，最终就导致了落叶的结果。与此同时，在落叶紧靠叶柄基部的那个地方，果胶酶和纤维酶活性不断增加，使整个细胞溶解，形成一个自然断面。这时候尽管叶柄中的维管束细胞没有溶解，但它非常纤细，风一吹，它就“筋断骨折”，飘落下来。

科研人员还发现，对于叶子脱落起关键作用的是一种化学物质，它的名字叫脱落酸。不管把脱落酸喷到哪种植物的叶片上，都能使

其脱落。植物中的赤霉素和细胞分裂素能延缓叶片的衰老和脱落，而脱落酸的作用恰好与之相反。

可以说，植物学家已经把植物落叶之谜揭开了大半，但留下的疑问还有很多。比如，光照是通过什么机制控制落叶的？脱落酸的分子生物学机制是什么？这些疑问都等待着人们去不断探索。

## 叶子的颜色变化

在绿色植物的叶肉细胞里含有很多叶绿体，叶绿体中含有蓝绿色的叶绿素 a、黄绿色的叶绿素 b，以及金黄色的叶黄素、胡萝卜素等。在春夏季节里，叶绿素的含量一直占绝对优势，它的颜色把其他色素都掩盖住了，所以叶子就呈现出绿色。到了秋天，叶片产生叶绿素的能力逐渐消失，绿色逐渐褪掉，而叶绿体中的叶黄素和胡萝卜素显露出来，于是树叶就变成黄色的了。

# 花的开放由周围的环境决定吗？

一个多世纪前，德国有位名叫萨克斯的植物学家，他认为花开放这种常见的现象中一定隐藏着什么秘密，就猜测植物体内可能有一种特殊物质，花的开放就是由它支配的。为了证明这个假设，他付出了很多艰辛的劳动，但最终也没有能够得出什么答案。

后来，有的科学家针对萨克斯提出的假设，又提出了这样一个观点：植物能够开花，也许不是由于植物体内存在着特殊物质，而是由周围环境的微妙变化决定的。

1903年，德国植物生理学家在一篇论文中提出了一个新观点：只要给植物创造一些条件，就可以使植物开花，这些条件有很多，比如光线的照射等。为了论证自己的观点，他还举了这样一个例子：有一种香连绒草，放在很弱的光照

下栽培了好几年，它只是不停地生长，就是不开花。后来把它搬到阳光充足的地方，很快就开花了。

克列勃斯认为，光照可以使植物通过光合作用促进体内碳水化合物的增多，进而开出花来。

克列勃斯还发现了这样一个现象：如果给果树施太多的氮肥，果树就不开花了。这是怎么回事呢？克列勃斯对此做出解释：花的开放不仅与光照有关，还跟一些物质的比例有关系。当植物体内氮比糖多时，花就不容易形成和开放；反之，糖的积累比氮多时，花就会开放。克列勃斯的这个观点得到了很多人的赞成和拥护，人们似乎觉得已经发现了花开放的秘密了。

但是，一位苏联科学家用试验推翻了克列勃斯的学说。他认为，植物开花与植物体内细胞液的浓度息息相关。他通过试验和观察发现，普通苹果树苗在正常的自然环境下，要生长 4~5 年才能开花；但如果在春秋季节对果树施肥，就会提高植物细胞液的浓度，可以使一年生的小果树开花。

还有一些植物学家通过试验发现，植物生长素对花的形成、开放，起有操纵作用。

直到今天，人们还在不断地探讨花开放的原因，但仍然没有找到最后的答案。

# 花的香气是怎么来的?

鲜花盛开，芳香扑鼻，这句话在很多情况下是正确的，因为大部分花朵都有香味。当然，花也有不香的，还有散发臭气的，如蛇菰、马兜灵等。这样的花虽然有臭味，连蜜蜂、蝴蝶都不喜欢，但昆虫中却有一些“逐臭之夫”，如潜叶蝇，它们闻到臭味就会拼命赶来，也会为这些植物完成传粉的任务。

为什么有的花香，有的不香呢？为什么有的花散发出的是臭气呢？这要从花瓣中的油细胞说起。油细胞是花朵制造气味的工厂，这个工厂的主要产品就是具有香气的芳香油。在通常的温度下，芳

香油能够随水分挥发，在阳光的照射下，它挥发得更快，变成具有诱人香味的香气，所以这种芳香油又叫挥发油。因为各种花卉所含的挥发油不同，所以散发出来的香气也各有不同。个别植物的挥发油里所含的物质带有臭味，所以这些花闻起来就是臭的。还有一些花虽然没有油细胞，但它们的细胞在新陈代谢过程中，会不断产生出一些芳香油。也有一些花朵的细胞不能制造芳香油，但是却含有一种苷，苷本身没有香气，在受到酵素分解时，却会产生出香气来。

总的来说，花的香与不香、香与臭，关键在于细胞中有无挥发油及其物质。一般来说，挥发油都贮存在植物的花瓣中，但也有不同情况，有的集中在茎和叶子里，如薄荷、芹菜、香草等；有的贮存在树干内，如檀香；有的贮存在树皮里，如月桂、黄樟、厚朴等；有的贮存在地下部分，如生姜；有的贮存在果实里，如橘子、茴香、柠檬等。挥发油在植物体内的存在，除了可以引诱昆虫，帮助传送花粉外，还可以减少水分的蒸发。有的植物还利用气味来毒害邻近的植物，以利于自身的生长。

那么，挥发油在植物体内是怎样形成的呢？它对植物又有哪些生理意义呢？对于这样一些问题，科学家们目前正在探索之中。大多数科学家认为，挥发油是由叶绿素在进行光合作用时产生的；植物体内所含的挥发油，是植物本身新陈代谢作用的最后产物。但有一些人认为，挥发油是植物体的排泄物，是生理过程中的废渣。

# 花是由叶子变来的吗？

著名的德国诗人歌德特别热爱大自然，曾花过很长时间观察植物从播种到结出种子不同阶段的成长过程。通过观察他得出这样的结论：植物的形态是可以更改的，它们能适应外部条件而不断变形。根据以上结论，歌德提出了这样一个观点：花是由叶子变来的。

当植物开花的时候，尤其是花朵特别艳丽时，它与绿叶之间的差别极大，很难看出它们之间有什么相关之处。不过，如果说花是由叶子变来的，这种变化一定是在进化初期。所以，只有到那些原始的植物中，才有望找到这方面的证据。

在有花植物中，木兰科是比较原始的科，其中玉兰是它下属的一个品种。玉兰的花为两性花，外面有九片花被，三轮排列，每片都呈白色，大小形状差不多。玉兰花中间有个花托，好像一根小木棒，外面的九片花好像叶子一样，也有叶脉，只是未分化成花萼与花冠，雄蕊群分离排列成为螺旋状。从玉兰花的构造来看，它与树木上的一个带叶的短枝极为相似，花的各部分像短枝上叶的变态形状，花托好像短枝。因此，人们很容易联想到玉兰花是由叶变态而来的。

郁金香为百合科植物，园艺学家把它分为早开种和晚开种两大类。早开种的花茎较短，分单瓣品种和重瓣品种；晚开种的花茎较长，只有单瓣品种。观察郁金香的晚开种，人们更有理由相信花是由叶子变来的。它的外层萼片几乎和叶子一模一样，花瓣的形态和构造也与叶片十分相似，雄蕊的花丝相当于叶片的中肋，雄蕊的心皮也是由叶片变态折卷而成的。

在寻找具有原始特征的植物过程中，植物学家在南太平洋中的岛国斐济发现了一种叫德坚勒木的植物，它也属于木兰科。它的雄蕊是扁平的，更像叶子，上面还有脉。它的心皮也像一片叶子，它的雄蕊看不出有什么花柱，子房像个小瓶，特别是柱头，不像一般植物那样生在子房顶端成圆头形，而是在侧面延伸成为一个条形柱头。也就是说，它的柱头在心皮两边接合处从上向下延伸，很像一片叶子对折起来，在结合处形成柱头。有的对折处结合得并不紧密，

就像一片叶子对折过来靠拢在一起一样。

在木兰科中，还有很多植物的雄蕊有花丝较宽、花药较长、花萼伸出花药的现象。这些都说明它们比较原始，同时也说明最早的花有可能是由叶子变来的。

尽管“花是由叶子变来的”这种说法找到了很多根据，在植物界也得到了很多人的支持，但目前还只能算是一家之言，并未得到公认。如果能够找到有花植物的完整化石，那将有助于这个问题的最终解决。

# 向日葵为什么跟着太阳转？

向日葵从早到晚都朝着太阳的方向，因此而得名，也有人叫它朝阳花。根据以往公认的解释，向日葵的这个特点是因为它的花盘下面的茎部含有一种奇妙的植物生长素，一遇光线照射，生长素就会转移到背光的一面去，并且刺激背光一面的细胞迅速生长。于是，背光一面就比向光一面生长得快，这就使得向日葵产生了向光性弯曲。

近年来，随着内源激素鉴定技术的发展，人们对这个问题的认识有了新的进展。科学家们发现，除了生长素所起的作用外，在向日葵向光的一侧茎的生长区里还存在着浓度较高的叶黄氧化素。这种物质是脱落酸生物合成过程中的中间产物，具有抑制细胞伸长的功能。试验证明，当光由一侧照射 30 分钟后，在向日葵幼苗生长区两侧，叶黄氧化素的浓度正好与生长素相反，向光一侧含量高，背光一侧含量低。这种差异比生长素的差异更显著。由此可见，对于向日葵的向光运动来说，叶黄氧化素的作用可能要比生长素更重要一些。

除了向日葵之外，很多植物的叶子和植物的幼苗都具有与向日葵一样的特点，植物学上把这种生理特征称为“向光性”。科学家

们在这些植物的叶子中发现了一种感受器，它可以吸收阳光中的蓝色光线，而蓝色光线正是决定植物移动的方向的。因此，科学家们认为，植物的向光性是由于这种感受器产生的。

向日葵的茎部中会不会也隐藏着这样的感受器呢？还有没有别的因素在其中起作用了呢？看来，随着科学研究的不断深入，有很多人们自以为取得完美解释的问题都需要加深认识和重新认识。

# 海藻森林的消失是因为海胆的泛滥吗？

如果海藻被称为森林，那一定是很壮阔的，而事实也确实如此。生活在海洋中的海藻，也可以长得像大树一样高，眺望海水中的海藻就好像进入原始森林一般。世界上能够形成海藻森林的海藻种类，大都是温带地区的大型褐藻及热带海域的马尾藻，其中体形最大的就是巨藻，藻体长度可达60米。

温带海域的海藻通常喜欢生活在水温20℃以下，生长最快时，每天可以长50厘米以上，可以说是地球上成长最快速的生物之一。目前已知的巨藻主要分布在美国加利福尼亚州到阿拉斯加州南部的太平洋东岸海域，南非、澳大利亚以及南美一些国家的沿海也有分布。密集分布且快速生长的巨藻，往往形成如陆地森林般的环境，给许多海洋生物提供足够的食物来源，以及栖息、躲藏与繁殖的空间，建构成海洋环境中独特的生态系统。为了能让高大的藻体在水中自由伸展，巨藻拥有宛如假状根，直径20厘米以上的附着器。附着器会生长出数个强韧有力的柄，随着柄不断向上伸长，再间隔侧生出单一叶片。每一个叶片基部会膨大出一个球状的气囊构造，用来协助叶片贴近海面，以获得足够的光线来进行光合作用。这种气囊构造，也是海藻森林中大型褐藻独有的特性。

巨藻所形成的海藻森林不但给海洋生物提供特殊的生态栖息环

境，巨藻还含有丰富的碘和钾等矿物质，这在如今已经成为人类不可或缺的重要资源，同时也成为陆上豢养动物的饲料和农作物的肥料。重要的是巨藻中还含有一种特殊的天然物质——褐藻酸。这种化合物被提炼后，可以作为乳化剂广泛应用在冰激凌、奶昔等食物中，以防止冰晶产生，也可以作为啤酒泡沫的稳定剂，以及用在可产生泡沫与黏稠状的牙膏、油漆、白胶等日常生活用品中。甚至牙医帮患者制作假牙时使用的齿模，大家爱吃的果冻、软糖等，也都与褐藻酸的独特产业有关，可以说巨藻全身都是宝。

巨藻形成的海藻森林也曾面临过一场几乎灭绝的危机，那场浩劫发生在20世纪70年代。原先海藻森林中的数种优势物种，包括巨藻、海胆和海獭之间，有着相互依赖而取得共存的平衡点。海胆以巨藻为食，而海獭则捕食海胆。但是由于人类贪图海獭的毛皮以制作名贵大衣，海獭成了人类大量猎捕的对象，海獭的野外种群数量剧减。失去了海獭的捕食压力，海胆数量不断增加，它们大量啃食巨藻，不到几年时间，许多原来属于海藻森林的海域，都成了光秃秃的海底荒地，原先许多依赖海藻森林的海洋生物，也因此迁离或消失。随着海洋学家的大声疾呼和努力，人们逐渐醒悟，大肆捕猎海獭的行为得到遏制，同时人们也开始人工移植巨藻到海底的荒地，并且控制海胆的数量，这才使得海藻森林又慢慢恢复了以往的繁荣景象。